JN100018

良いFAQの育て方

Frequently
Asked
Questions

樋口恵一郎
Keiichiro Higuchi

の育て方

サイト作成・改善・効果測定で
成果をあげる運営手法

技術評論社

本書の内容に基づく運用結果について、著者、ソフトウェアの開発元および提供元、株式会社技術評論社は一切の責任を負いかねますので、あらかじめご了承ください。

本書に記載されている情報は、特に断りがない限り、執筆時点（2023年）の情報に基づいています。ご使用時には変更されている可能性がありますのでご注意ください。

本書に記載されている会社名・製品名は、一般に各社の登録商標または商標です。本書中では、™、©、®マークなどは表示しておりません。

はじめに

　本書は、ほとんどの企業のWebサイトにある「よくあるお問い合わせ」（FAQ）サイトの運営についてクローズアップしたものです。FAQには人々が想像しているよりはるかに大きく、ポジティブな潜在能力があります。本書はその能力を発揮させることにより、多くの人々（ユーザー）と企業（で働く人たち）の利益とゆとりを確実に実現することが目的です。

　FAQは特に商品やサービスのお客様サポートで使われています。お客様サポートと言えば、誰もが一度はコールセンターにはお世話になったことがあると思います。コールセンターにつながりさえすれば、たいていの困りごとやわからないことは解決して当たり前、といった期待感は皆持っているはずです。コールセンターはそれだけ手厚い応対をしますし、準備も周到です。それに比べてFAQはどうでしょう。困りごとやわからないことはたいてい解決できるという期待感を持っている人はあまりいないのではないでしょうか。コールセンターと同じ企業のお客様サポートなのに、その落差はずいぶんと大きいです。

　FAQサイトはインターネットにあります。進歩したITによってインターネットには、誰でもいつでもつながることができます。インターネットのおかげで私たちの生活は便利になりました。その証拠に何かにつけ電話をかける人よりも、とりあえずインターネットにつなぐ人のほうが圧倒的に多いです。ただし一方ではインターネットに振り回され時間を浪費しているといった不満の声もあることは事実で、FAQサイトはその代表なのです。そのせいで潜在能力を発揮できていないどころか、コールセンターにも悪影響を与え、時として企業の顧客満足度を下げている可能性さえあります。

　ユーザーから見れば、コールセンターもFAQサイトも企業が自らの看板で運営している「公式なサポート」です。それなのにイケているコールセンターに対し、イケていないFAQサイトになっているのはなぜでしょうか。FAQサイトはインターネットの無人サポートだから振り回されてあなたの時間を浪費したとしても我慢してください……とは言えません。FAQサイトを使うユーザーは企業に負担をかけず、困りごとやわからないことを自己解決しようとしている優良な顧客かもしれないのです。

　筆者は一般庶民でありユーザーでもあります。その一方でFAQコンサルタントとして企業のカスタマーサポートに従事している方々と日々お会い

しています。カスタマーサポートの前向きで真面目な情熱に接し、教えを授かることも多いです。そんな中、カスタマーサポートに従事している方々のために、FAQサイトでのお客さまとの対峙方法に「標準」となる規範や指針があったほうがよいのではないだろうか。そしてそれをベースにさらに喜ばれるカスタマーサポートを一緒に追求できるのではないかと感じていました。

そこでこれまで多くの企業のみなさまとの取り組みや成功体験をもとにITを活用したカスタマーサポート、FAQサイトの運営方法を体系化しようと思いました。それを本書でまとめ、読む方々への日々の業務のモチーフになればと。

本書にまとめたことは、多くの企業のカスタマーサポート部門、システムベンダー、ユーザーの方々との取り組みから抽出された気付きやテクニック、思考法です。

本書ではFAQ運営方法を、内容があいまいにならないようにできるだけわかりやすく述べました。良いFAQ運営はロジカルに指標などの数値を足掛かりにします。共通の利益に向かっていく組織においては、ロジックや数値があることで関係者全員がブレなくスマートに進められます。

FAQ運営に携わっている方だけでなく、カスタマーサポートに少しでも携わっている方は本書を読んでください。オペレーター、スーパーバイザー、マネージャー、エンジニア、ライターなどのご自身の専門と肩書きは問わずお役に立てると思います。すでにFAQ運営の改善に取り組んでいる方々には、本書と現在の取り組みを見比べて良いところを選択していただければと思います。日々数字とにらめっこしている経営者層の方々も、ぜひじっくり本書に向き合っていただきたいです。

本書は章の順番どおりではなく、関心のあるページから読んでいただいてもよいと思います。筆者が強調したい部分は多少重複感のあるくどい書き方になっているかもしれませんがご了承ください。なおFAQコンテンツの制作部分については、拙著『良いFAQの書き方——ユーザーの「わからない」を解決するための文章術』でクローズアップして詳しくまとめています。FAQの良質な書き方はFAQ運営での重要なコアですので、ぜひ併読をお勧めします。

謝辞

　本書出版に先立ち、多くの企業のカスタマーサポート、FAQ運営に携わっている方々とのご面談のお時間をいただき本書の企画と内容についてディスカッションを致しました。各企業様の運営のお話やお悩みも拝聴しつつ、またこれから期待するものや展望などを伺いました。そしてさらなる良い成果を求める各社様への取り組みに対して、本書がご助力となれそうな手ごたえと自信をいただきました。本書執筆にあたり多くの企業のカスタマーサポートに携わっているみなさまのお役に立てるのかぼんやりとした不安はありましたが、ご面談に応じていただきました企業様に力強く背中を押していただいた気持ちです。ご面談に応じていただきましたみなさまに心より深く感謝いたします。ここにお時間を賜った各企業様とご担当者の方々のお名前をご紹介し謝辞に代えさせていただきます。

　今回ご面談いただきました各企業様はカスタマーサポート、FAQ運営にとても真摯に取り組まれている企業様です。ただし本書は当該企業様の実際を記載したものではないことを書き添えておきます。

企業様名（あいうえお順）

- 旭化成株式会社　人事部人事システム室
- 株式会社SBI証券　カスタマーサービス部　デジタルコミュニケーション課
- カルビー株式会社 コーポレートコミュニケーション本部　お客様相談室
- クオリティソフト株式会社　カスタマーサポートチーム
- 株式会社これから AdSIST カスタマーサクセス
- サイボウズ株式会社 カスタマー本部 CS企画推進部
- 株式会社CS HACK
- STORES株式会社 オペレーションズ本部 カスタマーサポートグループ
- ティーライフ株式会社　コミュニケーション部
- 株式会社同仁化学研究所　マーケティング部
- 株式会社ファンケル　カスタマーサービス本部 カスタマーリレーション部
- フンドーキン醤油株式会社　商品開発部開発課　お客様コミュニケーション担当
- 株式会社マネーフォワード　HRソリューション本部　カスタマーサクセス部
- 株式会社ヤマハミュージックジャパン　カスタマーサポート部 お客様コミュニケーションセンター

・三井ダイレクト損害保険株式会社　お客さまセンター部
・株式会社ロイヤリティ マーケティング　営業統括グループ　ポイント事業本部
　カスタマーリレーション部

　上記企業様で面談に応じてくださった方々です。みなさま本当にありが
とうございました。（企業順）

中川 知美 様、飯島 正二 様、猪野 朋美 様、遠田 孝司 様、佐山 恵 様、
玉置 憲史 様、泉 文人 様、二瓶 聡美 様、吉留 祐真 様、矢野 泰斗 様、
豊田 有莉奈 様、武智 美里様、田村 恵理香 様、藤本 大輔様、高橋 尚之 様、
青木 真 様、森重 大 様、石野 未希 様、池上 天 様、高口 詩織 様、大泉 智 様、
小田 啓之 様、五島 由香 様、熊久保 かおり 様、原園 早由里 様、
奈須 雄也 様、山口 絢子 様、平井 大生 様、池上 健一 様、矢野 克幸 様、
山田 貴美子 様、本田 良 様

　また本書執筆にあたり、カスタマーサポートシステム、FAQ検索システ
ム各ベンダーの方々からも種々システム的な裏付けとなるご知見を拝借さ
せていただきました。取材のお礼を込めて各社ご紹介させていただきます。
ありがとうございました。

各企業様（あいうえお順）

・イナゴ株式会社
・カラクリ株式会社
・ThinkTown合同会社
・ジールズ株式会社
・株式会社スカラコミュニケーションズ
・テクマトリックス株式会社
・株式会社PKSHA Communication
・株式会社Helpfeel
・モビルス株式会社

　本書執筆にあたり、前著に続き思慮深いご助言とサポートをくださった
技術評論社の池田大樹氏にあらためて深くお礼を申し上げます。
　そして筆者をいつも平和に温かく見守ってくれる家族に心からのありが
とうを伝えます。

本書の読み方

　本書ではFAQ運営の準備から成果を出すまでを順を追ってまとめましたが、順番どおりに読む必要はありません。まずは興味のある箇所や、現在ご自身が関わっている業務について書かれている箇所から読んでいただいて結構です。

　ただしところどころ前の章や、前段で書かれたことを読んでおかなければわからない部分があります。その場合はつながりがわかるように書いていますので適宜参照してください。

　特に経営や管理に近い方は第5章から読んでいただくとよいかもしれません。

FAQの表記

　本書では、FAQのサンプルを以下のように表記します。

◀ Before

Q：　送料無料について。

▼

▶ After

Q：　送料が無料になる商品を教えて。

　改善前のFAQは灰色の枠、改善後のFAQは黒色の枠で表現しています。また、改善前改善後双方の例を書いている場合は、 ◀ Before 、 After ▶ の装飾を入れています。

用語説明

本書ではカスタマーサポート、FAQ運営に関わる用語や表現がたくさん使われており、理解を助けるために都度解説しています。その中でも本書全体にわたりよく現れる基本的な用語や表現をここに説明しておきます。

FAQ

FAQサイトにて一般公開、あるいは社内利用している本書でメインテーマとなるものです。FAQは、Frequently Asked Questionsの略です。文字どおりよく尋ねられる質問という意味で、本来は「質問」だけを表します。ただ一般的には質問文と回答文のセットを指すことが多いので、本書でもそれに倣って質問と回答のセットとして表しています。文脈によって質問文や回答文を表したい場合は、FAQの質問文、FAQの回答文、のように書いている場合もあります。

QとA

FAQの主要素である質問（Question）をQ、回答（Answer）をAと表しています。わかりやすくするために文脈によっては質問と回答、質問文と回答文、などと表している箇所もあります。

FAQコンテンツ

FAQサイトに必須な情報（コンテンツ）です。FAQ（質問文と回答文）、FAQのカテゴライズ情報、FAQを検索するのを補助する同義語やメタタグなどのテキストデータを含みます。

FAQサイト

インターネット上でユーザーのお困りごとへの回答を準備している企業のWebページです。FAQ検索システムを導入している場合としていない場合があります。

企業

特に営利を目的とする一般企業を意識していますが、本書に書かれている内容は、公官庁、地方自治体、非営利団体、学校法人などの組織にも活用できますので、それらすべての総称と考えてください。

ユーザー

本書では困りごとやわからないことを解決するためにコールセンターやFAQサイトを利用する人を指します。一般公開用FAQサイトの場合は企業の顧客です。

コールセンターや社内ヘルプデスク用のFAQサイトの場合はオペレーターや社員です。

FAQ運営者

FAQサイトの運営に主として携わり、数値的な成果を追求する立場の人です。またFAQ運営者にはいくつかの役割がありますので本書内で詳説します。

カスタマーサポート

商品やサービスへのお困りごとやわからないことがあるユーザー（お客さま）に対してその解決策などを提供する企業のサービスです。電話、メール、チャット、FAQサイトなどさまざまなチャネルがあります。

コールセンター

企業がカスタマーサポートのために準備している「お客様窓口」です。多くは電話による受け付けをしているのでコールセンターと呼ばれていますが、最近は電話以外でも、メールやチャット受け付けをしているのでコンタクトセンターと呼ぶ場合もあります。

FAQ検索システム

システムベンダーが開発したFAQの閲覧、検索、管理のためのWebアプリケーションシステムです。本書では対話型のチャットボットなど併せてFAQ検索システムとしています。

チャットボット

チャットアプリケーションのような対話形式でカスタマーサポートを提供するしくみです。多くはFAQの入口として使われます。FAQ検索システムの中でも、UIデザインが異なるので、本書ではFAQシステムとチャットボットと言い分けています。

VOC

Voice of Customerの略です。まさしくお客様の声を表します。カスタマーサポートやコールセンターの世界では一般に使われる言葉です。

AI

Artificial Intelligenceの略です。AIの一般的な定義はさまざまですが、自動で特定の仕事をするしくみといった定義が一般的です。本書では各ベンダーの説明書きなどを尊重し「AIと言われる技術」「AIと呼ばれるもの」といったような使い方をしています。

有人チャネル

カスタマーサポートで電話、メール、チャットなど人（オペレーター）がユーザー応対する窓口です。

有人チャット

電話の代わりにチャットシステムを使ってオペレーターがユーザーのお困りごとを解決するしくみです。本書ではチャットボットと区別する場合は有人チャットと呼んでいる箇所もあります。

無人チャネル

カスタマーサポートでブラウザを使って、ユーザーが問題を自己解決するための窓口です。オペレーターを介さないので無人チャネルと呼びます。FAQサイトはその代表です。

コンタクトリーズン分析

カスタマーサポートに寄せられるユーザー（お客さま）からの問い合わせ内容を詳細に分析することです。コールリーズン分析、VOC分析とも言います。拙著『良いFAQの書き方』ではコールリーズン分析と記載していました。

FAQシステムベンダー

FAQ検索システムを企業に提供しているベンダーです。ほとんどのFAQシステムベンダーはSaaS (*Software as a Service*) の形態でFAQ検索システムを提供しています。

ナレッジ

一般には知識のことですが、企業内やカスタマーサポートの現場でオペレータが使用する場合は、問い合わせや質問に対する回答情報集を指します。Q & Aの形になっていますが網羅範囲も広いのでコールセンターで使用する場合もFAQというよりナレッジということが多いです。

Google アナリティクス

Googleが提供している、Webサイトで取れるさまざまなデータを分析するしくみです。Webサイトにコードを設定しておくと機能します。

　このほかにも本書にはたくさんの用語が出てきますが、それらについては都度解説します。

良いFAQの育て方——サイト作成・効果測定・改善で成果を上げる運営手法 ●目次

第2章

FAQ運営の準備 41

第**3**章
FAQ運営開始から
FAQサイトリリースまでの流れ......89

第4章

具体的なFAQ分析と
メンテナンスの実践 151

第5章
FAQ運営の成果を
確実にしていく方法 193

第 1 章

カスタマーサポートと
FAQ運営の目的

本章では、企業の中のカスタマーサポートとFAQ運営を体系的に述べていきます。そして課題や、課題解決によって得られる企業経営への貢献を整理します。

カスタマーサポートが企業に存在している理由は、一言で言うと利益追求です。コストがかかるイメージが先行してしまうカスタマーサポートから、利益というものは想像しにくいかもしれません。あるいは利益追求という響き自体に抵抗を感じる人は多いかもしれません。しかし仮にカスタマーサポートという存在が企業になければ、営業のフォローや下支えができず売り上げが伸びなくなるでしょう。顧客からも社会からも評価が下がり、あっという間に同業他社に負けてしまいます。そのように考えると、カスタマーサポートは企業の利益追求に必要不可欠な存在なのです。

企業の利益追求のために必要なカスタマーサポートなのですが、課題がいくつかあります。課題をそのままにしておくと、先行投資はそのまま企業の負債になります。もちろんカスタマーサポートによってもたらされるはずの経営的な利益も期待できなくなります。

企業はもともと電話窓口だけだったカスタマーサポートを助けるために、インターネットにもう一つの窓口「よくあるお問い合わせページ」(FAQサイト)を作りました。FAQ(サイト)の運営がカスタマーサポートの課題をどのように解決していくのか、どのように企業経営に大きな利益を訴求できるのかを述べます。

1-1

カスタマーサポートの課題

まずカスタマーサポートの課題、続いてFAQ運営による解決策を述べていきます。

問い合わせの数を軽減したい

カスタマーサポートでは、顧客からの問い合わせを専門のコールセンターで電話応対することが多いので、問い合わせのことをコールと呼びます。どこの企業のカスタマーサポートも、客からのコール数を少なくしたいと

考えています。

　正確に言うと、企業は注文や契約申し込みに関連したコールを減らしたいわけではなく、コストだけになってしまうコール(コストコールとも言います)を少なくしたいということです。

　企業の商品やサービスの顧客(以下、ユーザー)は、困りごとやわからないこと(以下、問題)がある場合には「企業に電話する」という意識があるほど、コールセンターは社会に定着しています。またコールセンターでは電話以外にメールやチャットという手段での応対窓口も準備しています。

　コールセンターでは、電話もメールもチャットもすべて人(オペレーター)が応対するので、これらの受け付け窓口を有人チャネルと呼びます。コスト的なことを言うと、有人チャネルでの応対は問い合わせ数に比例して積み上がりその総額は莫大(ばくだい)になっています。したがって企業は、これらの応対のうちできればコストコールは少なくしていきカスタマーサポート全体にかかるコストを軽減したいと考えています。

　多くの企業のカスタマーサポートが、有人チャネルと並行してコストのあまりかからない無人チャネルを準備しているのはそのためです。その代表がインターネットの企業Webサイトにある FAQ サイトです(**図1-1**)。

図1-1　　インターネットがコールセンターのコストを軽減する

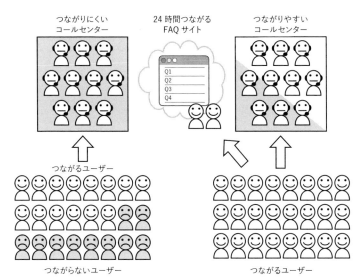

　ただし残念ながら今のところ多くのFAQサイトは、コールセンターのコストコール数の低減には期待したほど役に立っていません。それどころかFAQサイトが有人チャネルに対して良くない影響を与えている可能性もあります。

テキストによる応対の量を低減したい

　カスタマーサポートには、電話以外の有人チャネルとしてメール応対やチャット応対といったテキストコミュニケーションによるユーザー応対があります。企業はこの応対量も減らしてコストを抑えていきたいと考えています。

　有人チャネルでもメールやチャットでの応対方法であれば、インターネットを使うので電話通話料というコストは不要になります。また電話応対と異なり1人のオペレーターが同時に複数のユーザー応対をすることもできます。したがってメールやチャットでの応対は電話応対よりもコストが小さくなると考えられています。

　ただメールもチャットも応対量に比例してオペレーターの時間を費やす作業であることには変わりません。作業そのものにはコストはやはりかかってしまいます。音声での対話と違いテキストでの応対の作業量は少ないと感覚的に思われがちですが、実際はそうとも言い切れません。

　まずオペレーターは、ユーザーが記載したテキストの内容を読み解く必要があります。ユーザーはテキストコミュニケーションの達人ではありません。ユーザーの文章力や語彙力にかかわらず、オペレーターは問い合わせ内容を間違いなく理解する時間が必要です。さらにそれを念のためユーザーに確認しなければならない作業もあります。

　またオペレーターもユーザーも、テキストを記述するのに時間を要します。特にメールの場合、1つの問い合わせを受信してからそのユーザーへの応対が完了するまでにオペレーターが要する時間の合計は、実は電話の1通話より長いことのほうが多いです。その理由は、メールは電話のようにリアルタイムではないからです。テキストの記載内容の確認から始まりユーザーへの返信、ユーザーからの返事待ちといった作業が続きます。メール受信と送信それぞれの間で待ち時間が発生します。ユーザーの都合や時間の感覚、またはカスタマーサポートの営業日・時間帯の関係が待ち時間を生みます。1通のメールから始まるユーザーとオペレーター間のやり

とりが、何日も続くことも珍しくありません（**図1-2**）。

図1-2　メール応対はやりとりが長く続く

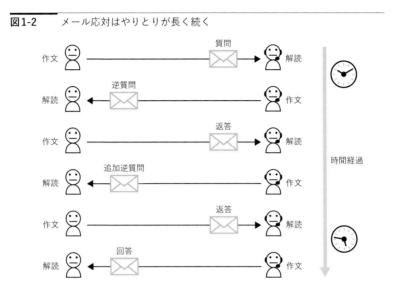

テキスト応対は直接ユーザーと対話しないので電話よりストレスは少ないと思われがちですが、実際はそうではありません。なかには辛辣な表現のテキストで自分の感情を伝えてくるユーザーもいます。テキストはずっと残ってしまうだけに、オペレーターにとっては音声以上に精神的なダメージが大きいかもしれません。

メールに比べればスピーディーで即時性があるチャットでも、テキストでのコミュニケーションであることは同じです。テキストであるだけにユーザーの文章力や語彙だけではなく、タイピングの能力によってもオペレーターの時間がどんどん削られます。

有人チャネルでのメールやチャットをFAQ運営で軽減する取り組みも進みが遅いようです。

応対時間を短縮したい

カスタマーサポートの有人チャネルである電話、メール、チャットでの応対については、そもそもそれら応対1件ごとの時間を短縮したいと企業は考えています。

　有人チャネルでの応対コストがかかるのは、当然ですがユーザーとのコミュニケーションそのものに時間がかかるからです。どのユーザーにもオペレーターが手厚く対応するだけに、いい加減なところで切り上げて終了することはできません。したがってどうしてもユーザー一人一人への応対時間は長くなりがちです。

　言うまでもなく、時間はコストです。電話応対ならば、オペレーターは一度に一つのコールしか受けられません。それに関わる時間にはユーザーとの対話そのものだけではなく、質問に対する回答情報を探したり、適当な情報が見つけられない場合はエスカレーションしてSV（*supervisor*）にサポートを受けたりする時間も含まれます。 時間で換算されるコストは、オペレーターの作業費だけではなく、電話通話料などの通信費も含まれます。

　またオペレーターは電話応対が終わったらすぐに次のコールが取れるわけではなく、応対記録などの後処理作業（ACW：*After Call Work*）をしなければなりません[注1]。結果的に、1人のユーザーへの対応は、ユーザーへの応対時間（TT：*Talk Time*）とACWに要する時間の合計となります。この合計値をHT（*Handling Time*）と呼び、応対時間として積算されます。TT、ACWに要する時間とHTは**図1-3**のような関係です。

図1-3　　TT、ACW、HTの関係

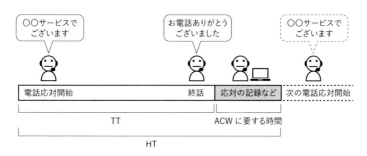

　コールセンターでの電話、メール、チャットの応対時間が短くなれば、ユーザーにとって用件が早く済むだけではありません。コールセンターにとってもオペレーターの作業量の軽減だけではなく、電話料金などの通信

[注1]　ACWはコール応対後の後処理作業に関わる「時間」だとする公的な解説も多いですが、本書ではWorkという言葉に着目して「作業」を意味することにします。時間を表す際は「ACWに要する時間」のように書きます。

費の節約にもつながります。

顧客満足度を上げたい

　どの企業も顧客満足（CS：*Customer Satisfaction*）の向上は大命題です。そして顧客満足への貢献は、カスタマーサポートの重要な責務とされています。たとえば電話応対のオペレーターはできるだけ丁重な言葉でユーザーと接し、問題が解決できたら「ありがとう」という言葉をいただく、といったことが目標の一つとして挙げられています。

　顧客満足を表す指標「顧客満足度」はとても重要な指標なのですが、実は数値では表しにくいという側面もあります。したがって折に触れてユーザーにサービス満足度のアンケートを取るといった「定性的」な調査をしている企業は多いです。

　カスタマーサポートにおいて顧客満足に貢献するには、ユーザーが問い合わせた問題を解決することが大前提です。その前提があってオペレーターの丁寧な言葉遣いなどの応対が活きてきます。問題を解決できなければ、いくら懇切丁寧に話してもユーザーが満足することはあり得ないのです。

　そこで「問題の解決」を基準にして、顧客満足への貢献を数値化します。また「問題の解決」した状況の評価（質）についても数値化します。これらは顧客満足度を数値で表す一つの目安となり、カスタマーサポートの指標にできます。

　数字として、まず1か0で表してみます。

---

❶問題が解決できた＝1
　問題が解決できない＝0

基準に対する評価ポイント
❷問題が解決できた and 待たされなかった＝1
　問題が解決できた and 待たされた＝0
❸問題が解決できた and 都合の良い時間＝1
　問題が解決できた and 時間が限定された＝0
❹問題が解決できた and 初めに選んだチャネルだった＝1
　問題が解決できた and 初めに選んだチャネルではなかった＝0

---

❶のコールセンターでの電話応対では、お叱りなどのお電話を除いてユーザーからの問い合わせの問題はオペレーターが対話しながらおおむね解決できている事実があります。つまり1を獲得できるコールがほとんどです。同様にFAQサイトでの事実を考えると、これまでの運営ではポイントは獲得できていないことが多いのが現状です。

❷〜❹に示した、待たされなかった・待たされた、都合の良い時間・時間が限定された、初めに選んだチャネルだった・初めに選んだチャネルではなかったなどは、ユーザーの成功・失敗体験を表し、ここでは評価ポイントと言います。

❷❸の電話がつながりにくい、対応時間や曜日が限られているコールセンターの場合、問題を解決できても評価ポイントを下降させる原因になっています。FAQサイトでも同様に考えると、コールセンターに比べると評価ポイントは高いでしょう。

❹については、直近の調査によると、コールセンター業界で平均64.1%（52.5%〜75.5%）のユーザーがコールセンターに問い合わせる前にインターネットのよくある問い合わせなどを見て自己解決を試みています（図1-4）。たとえ問題を解決できても、それが最初に選んだチャネルではない場合評価ポイントが下がる可能性があります。その一方でユーザーに最初に選ばれる率が高いFAQサイトでは評価ポイントが高いことになります。

上記のように考えると、ユーザーが待たされず、都合の良い時間で問題を解決できれば顧客満足に貢献できると言えます。そしてそのためには、大多数の人が最初に選ぶインターネットのFAQサイトで問題が解決できることで、顧客満足度の向上が見込まれるのです。

上記の計算については、さらに具体的に後段で述べます。

ちなみに本書内で「FAQでのユーザーの問題解決」という場合、次の2つを両方かなえられたことを指します。

・ユーザーがわからないことや困っていることへの回答情報をFAQから得る
・回答情報を理解した結果、当初の問題を別のチャネルに再度問い合わせる必要がない

図1-4　コールセンターに問い合わせ前にインターネットを見たユーザーの割合

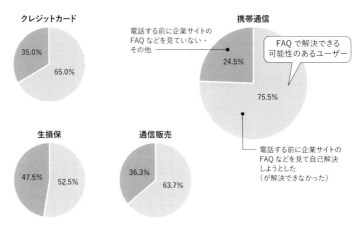

※参考：月刊コールセンタージャパン編集部編『コールセンター白書2022』リックテレコム、2022年、119〜120ページ

ユーザーの声を企業のサービスに反映したい

　顧客満足に貢献するだけではなく、企業では多くの人々の声をすくい上げ経営に役立てたいと考えます。カスタマーサポートでは、ユーザーの声をVOC（*Voice of Customer*）という言葉で特別視しています。VOCを収集しそれを企業経営に役立てることは、カスタマーサポートの重要な役割です。

　ユーザーからすれば、カスタマーサポートは企業の顔に見えるでしょう。ユーザーにとってカスタマーサポートが企業との唯一の接点だからです。企業もそのことを活かして、商品やサービスの利用を検討している未来のユーザーのために、カスタマーサポートでVOCを集めたいと思っています。そう考えると、カスタマーサポートは企業のマーケティングや営業の重要拠点ということになります。つまり多くのユーザーから見える営業窓口はカスタマーサポートなのです。

　企業の顔であり営業窓口であるカスタマーサポートには、実際に日々膨大なVOCが集まっています。これらVOCをしっかり分析すれば、カスタマーサポートだけではなく営業、マーケティングなど売り上げを伸ばすことを専任としている部門にも利活用できます。

　ところがせっかくのVOCをしっかり分析できず、その結果営業どころか

カスタマーサポートにさえも活かしきれていない企業は多いようです。カスタマーサポート内だけではなく、企業内の各部門間の連携がうまくできていないのが原因かもしれません。

システムの費用対効果を高くしたい

　カスタマーサポート用に採用したシステムの費用対効果を高めるのも運営の課題です。

　カスタマーサポートではその運営を助けるためにさまざまなシステムを導入しています。システムを使うことでカスタマーサポートに関わる作業コストを抑え効率的な運用をするという狙いです。

　カスタマーサポートで利用するシステムは、PCやインターネットといった設備はもちろんのこと、カスタマーマネジメントシステム（CRM：*Customer Relationship Management*）やオペレーターがユーザーに問題解決の情報を案内するためのナレッジシステムがあります。一般に公開しているWebサイトにもシステムは導入されています。FAQ検索システム（FAQシステム、チャットボット）などです。

　ただし、システムをいくら導入しても、カスタマーサポートのコストを軽減できなければ導入にかかった費用を回収できないばかりか、使えば使うほどコストがかさんでいくことになります。少なくともシステムの導入や利用にかかったコストだけでも賄えるような運営をしなければなりません。つまりシステムの導入費用対効果をきちんと意識しなければいけません。

　システムの導入費用対効果を高めるシンプルな方法は、システムを使うことで、使わなかった場合に比べてユーザーの問題をよりたくさん、より早く解決できるようになることです。さらに、良いFAQ運営をすることによってFAQ検索システムの導入費用対効果を高めるだけではなく、FAQ運営以外のカスタマーサポートコストも賄えます。

　ただし導入費用対効果が計算できていない現場、または計算はできていても効果を高められていない現場は多いようです。

人手不足を解消したい

昨今特に耳にするのは、多くの企業での慢性的な人手不足です。なかでもカスタマーサポートでは深刻です。もちろん各企業はこの課題を解消したいと思っています。

そもそもカスタマーサポートで常に人手が必要なのは、ユーザーからの問い合わせ応対がオペレーターの「役務」にかかっているからです。有人チャネルでは、ユーザー一人一人に応えていかなればいけないため、当然問い合わせ数に応対する人をコールセンターに待機させる必要があります。問い合わせ数に対してオペレーターの待機数のバランスを図るマネジメントも必要です。問い合わせ数に対してオペレーターの待機数が少なくなると、オペレーターの負担は一気に高まります。

作業の負担はオペレーターのストレスとなり、離職率の増加や就業定着率の低下に拍車をかけます。特にコールセンターに就業した1年未満のオペレーターにその傾向は多いようです[注2]。

コールセンターでせっかくオペレーターを育てても、離職があると企業側はまた新たに求人し教育しなければなりません。それに伴う求人コスト（広告や面接）や教育コストがかさみます。

ユーザーからの問い合わせをFAQサイトがもっと担えれば、コールセンターの作業量を軽減でき、オペレーターの負担やストレスが少ない現場にできます。そのことでコールセンターの就業定着率が良くなれば、企業の求人や教育コストも軽減し、その分をオペレーターの報酬の増加に使えればさらに離職率も抑えられるという良いサイクルになります。

しかしながら、コールセンターで人手不足が続いているところを見ると、そのサイクルになっていないようです。

カスタマーサポートそのものの業務効率を改善したい

多くの企業のカスタマーサポート部門に携わる人は、そもそもカスタマーサポート自体の業務効率を根本的に良くしていきたいと常に思っています。さまざまな課題を日々の業務で身をもって感じていて、課題を解決で

注2 『コールセンター白書2022』62〜64ページ

きないことでストレスもたまり、コストへの悩みも抱えています。ただし、カスタマーサポートを改善するにしてもどこから手を付ければよいかわからない担当者は多いようです。

カスタマーサポートの改善を始めるのなら、楽に、すぐに、効果的に、できれば安く確実に、と誰もが考えています。ところが改善への取りかかり方がわかっても、すぐに始められないという矛盾した状況になる場合もあります。業務が忙しく解決や改善に着手する人員も時間もないし、社内的にも関係者への説明と説得に手間がかかるといった実情が理由です。そう考えると、カスタマーサポートの日々の業務が総じて飽和状態で身動きも取れないように見えます。

すぐに、効果的に、できれば安くということについては、経営層を巻き込んだ管理や進め方によっても変わります。そして良いFAQ運営をすることで確実に可能になります。そのためにもまずは小さな一歩を踏み出します。

次から述べることが改善のキックオフになればと思います。

1-2

良いFAQ運営とその数値的効果

カスタマーサポートの課題をいくつか述べましたが、それらは企業の利益追求を阻止する明らかな課題でもあります。ここからは、FAQ運営がこれらの課題を解決し、さらに利益につながることを述べていきます。

企業の利益追求というからには、できる限り具体的な数値をイメージできるように表していきます。ここから説明する数値はお互いに関係し合うものです。FAQの運営に限らずどのような運営でも数値を意識しつつロジカルに推進しなければ成果を上げる筋道が立てられません。

良いFAQ運営では、複数のロジカルな取り組みを並行して実施します。それぞれの取り組みの間での相互関係と相乗効果で成果を出します。

問題を解決できるユーザーが増える

良いFAQ運営を行うと、ユーザー自ら問題を解決できる数（率）が高くなります。FAQ運営の目的は、この数値を伸ばすことが筆頭と言えます。ユ

ーザーの問題解決数を伸ばすことは、この先に述べていくさまざまな数値にもつながっていきます。

　ユーザーがFAQサイトで困りごとやわからないこと(問題)を解決できる率は、多くの企業のFAQサイトでは30%程度と言われています。この数値は業界や企業、サービスによって偏りがありますが、実際の調査や実例で確認できます。むろん自社のFAQサイトでの問題解決率など調べてもよいと思います。

　一方コールセンターでの電話、メールなどの有人チャネルなら、問題解決率はお叱りの連絡などを除けば100%に近いのではないでしょうか。ただ100%の問題解決率だからといって特に称賛に価するわけではありません。企業自ら販売している商品やサービスをお使いの人々のためのサポートなので、当然の数字だと思います。

　そう考えると、FAQサイトでの問題解決率30%というのはたいへん低い数字です。FAQサイトもコールセンター同様、販売している商品やサービスをお使いの人々のためのサポートです。それなのにユーザーの1/3ほどしか問題を解決できず、残りの2/3のユーザーには時間の無駄となるわけです。これでは顧客満足の低下にもつながるでしょう。

　コールセンターが高い問題解決率を出せているのに、同じ企業のFAQサイトでの問題解決率の低さの原因は何でしょう。運営に何か誤りがあるとしか思えません。誤りを正すことで、ユーザーの問題解決率をコールセンター並みに近付けることができます。

　なお、FAQ運営による問題解決率の調査方法などは後述します。

▎コールセンターへの問い合わせ量が軽減される

　FAQサイトでユーザーの問題解決率が高まれば、コールセンターへのユーザーからの問い合わせコール数は確実に減少します。それは一般に公表されている数値が裏付けています。コールセンターに電話してきたユーザーのうち、52.5〜75.5%(全体平均で64.1%。業界で差がある)は事前にインターネットで問題の自己解決を試みていたことを数値では示しています。

　わかりやすく言うと、コールセンターに問い合わせてきたユーザーが100人いたら、そのうち約50〜75人ぐらいは、事前にインターネットの「よくある質問」、つまりFAQサイトなどで困りごとやわからないことを自己解

決しようとしたということです。仮にこの数のユーザーがきちんとFAQサイトで問題解決できたとしたら、

現在のコール数×（52.5〜75.5％）

ものコール数がコールセンターで軽減されると言えます。

コールセンターに存在する、電話以外のメールやチャットといった有人チャネルでも、それらを利用したユーザーのうち55〜56％は事前にインターネットの「よくある質問」で問題の自己解決を試みています[注3]。

FAQサイトでユーザーの問題解決率が高まれば、コールセンターへのメールやチャットを使った問い合わせも、

現在のメールやチャットでの問い合わせ数×（55〜56％）

の問い合わせ数の軽減が期待できます。

コールセンターコストが軽減される

コールセンターへの問い合わせ量が減ると、それはそのままコールセンターの運営コスト軽減になります。軽減するコストの最も単純な計算方法は、1コール当たりのコストを指すCPC（*Cost Par Call*）と呼ばれる指標を使います。

CPCは、時期（季節）、新商品やサービスのリリースの影響、各種周辺コストの変動を踏まえつつ、必ず計算しておくことをお勧めします。参考までに、2020年度の全国のコールセンターでのCPC平均は1,223円となっています[注4]。なお、CPC自体の計算方法は後ほど述べます。

事前にインターネットの「よくある質問」で問題の自己解決を試みているユーザーの割合とCPCを使って、軽減される可能性のあるコストは次の計算となります。

現在のコール数×（52.5〜75.5％）× CPC

メールやチャットといったコストも同様の計算式を使えば、軽減される値が算出できます。メールやチャットは、一人のユーザーへの応対が完了

注3 『コールセンター白書2022』140〜142ページ
注4 コールセンタージャパン編集部編『コールセンター白書2020』リックテレコム、2020年、80ページ

するまで時間(場合によっては日数)がかかることも多いです。正確に計算すると一人のユーザーからの問い合わせ対応のコストは、電話での問い合わせの応対コストより高額になる可能性もあります。そちらも各企業で計算できます。

　1本の電話応対に対する平均的なコスト指標であるCPCのように、1つのメールごとの平均応対コスト、たとえばCPM (*Cost Per Mail*)のような指標を計算しておくとよいでしょう。メール応対についても、以下のように軽減されるコストが計算できます。

　現在のメールやチャットの問い合わせ数×(55〜56%)×CPM

　CPCやCPMには人件費だけではなくシステム利用費や設備費、管理費も含まれます。またCPCやCPMは時期や設備の数によっても変動しますので、常に新しい値を計算しておくことをお勧めします。指標を使いコール軽減で減らせるコストの目安を知っておくことでFAQ運営の意義がさらに鮮明になります。

コールセンターの応答率が高くなる

　ユーザーからのコール数が軽減されれば、コールセンターへの電話はつながりやすくなります。電話のつながりやすさの指標である「応答率」の計算は次のとおりです。

　応答率＝オペレーターの電話応答数÷電話回線への着信数

　この応答率のような運用の指標となる数値のことをKPI (*Key Performance Indicator*、重要業績評価指標)と呼び、常日ごろモニターされています。

　現状、企業によっては応答率が100%ではないコールセンターも多いようです。そのようなコールセンターにユーザーが電話をかけると、つながるまで待つか自動音声応答(IVR：*Interactive Voice Response*)に対応しなければならないか、あらためて別の時間にかけ直すかの選択を迫られます。応答率が100%のコールセンターでは、ユーザーが電話をかけてからオペレーターにつながるまでの時間は短く、顧客満足に貢献することになります。

　なお、良いFAQの運営によってコールが軽減されたからといって、減ったコール数分だけそのまま電話回線やオペレーターの数も減らしてしまっ

ては意味がありません。応答率を高めるゆとりを持ったコールセンターのリソース（回線、人員）計画と運営も、FAQ運営で十分に実現できます。

電話の応対時間が短縮される

特にコールセンターのオペレーターが利用するFAQ（ナレッジ）を適切に運営していると、コールセンターの電話応対時間（TT）が短縮されます。TTもコールセンターでのオペレーターの作業効率を示す大切な指標（KPI）なので、コールセンターにある電話のシステムが自動集計していることがほとんどです。TTが短縮されることは数字で見ることができます。

TTにはユーザーからの問い合わせに対してその回答情報（ナレッジ）を調べる時間も含まれます。電話応対するオペレーターの手元にナレッジが整備されていないと、ユーザーへの回答情報を調べるのに時間がかかったり、SVにエスカレーションしてサポートを求めたりしなければいけません。

このオペレーター用のナレッジを良いFAQ運営の対象にすることで、オペレーターが回答情報を得る時間を大幅に短縮できます。結果的にオペレーターの電話応対時間を短縮するので、1コールに対する作業負担も通信時間（電話料金）も軽減されます。その結果、CPCそのものを縮小できることになります。

上記したように、電話応対に関わる用語として、TT、ACW、HTがあり、次のような関係です。

HT = TT + ACW の時間

ACWは電話での応答内容を記録する作業が主ですが、FAQ（ナレッジ）そのものを記録情報として利用することでその時間を短縮、つまりHTを短縮できます。

なお、コールセンターでの一定期間での平均的なTTをATT（*Average Talk Time*）、平均的なHTをAHT（*Average Handling Time*）と言います。

メールやチャットの応対時間が短縮される

ユーザーからのメールやチャットでの問い合わせの応対は、完了までが長くなりがちということはすでに述べました。この応対時間も良いFAQ運

営によって短縮できます。メールやチャットで問い合わせするユーザーは、そもそもインターネットを使っている時点で、基本的なネットリテラシーは備わっているはずです。電話をかけるユーザーに比べると、問い合わせの前にFAQサイトで問題解決を試みている可能性も高いのです[注5]。

　たとえば複雑で時間のかかりそうなお困りごとについてチャットやメールで問い合わせする場合でも、その前にユーザーにある程度の部分までFAQの該当箇所を読んでおいてもらいます。ユーザーに問い合わせ前の準備をしてもらったうえでチャットやメールに臨んだら、ユーザーもオペレーターも「対話」時間を短縮できます（**図1-5**）。

図1-5　　コールセンター問い合わせ前にFAQを見れば対話時間を短縮できる

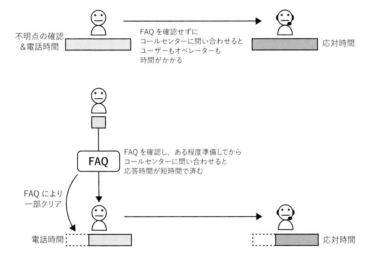

　FAQからメールやチャットにスムーズに引き継ぐしくみは作っておく必要がありますが、このような連係プレーで有人チャネルでの応対時間が少しでも短縮できれば、問い合わせ1件あたりの応対コストそのものも軽減されることになります。

注5　『コールセンター白書2022』140〜142ページ

カスタマーサポートの顧客満足に貢献できる

　ここまで書いたことが実現すると、FAQがカスタマーサポートに対する顧客満足に貢献できるだろうということは感覚的にわかると思います。ただ、感覚的ではなく論理的に数値化するために、上の節で示した「問題の解決」とその状況の評価（質）という指標での考え方をあらためて以下に示し、より具体的にしていきます。

❶問題が解決できた＝1
　問題が解決できない＝0

基準に対する評価ポイント
❷問題が解決できた and 待たされなかった＝1
　問題が解決できた and 待たされた＝0
❸問題が解決できた and 都合の良い時間＝1
　問題が解決できた and 時間が限定された＝0
❹問題が解決できた and 初めに選んだチャネルだった＝1
　問題が解決できた and 初めに選んだチャネルではなかった＝0

　上では数値化にあたりわかりやすくまず1と0で示しました。ここからはまず基数となる「問題が解決できた」の値は、❶の代わりに問題解決率を使うことで具体的な数値にします。たとえば現行のFAQでの問題解決率が30％程度でしたら、基数としての「問題を解決できた」は30とします。コールセンターについては同様に100としておきます。次に❷～❹における評価ポイントは、ユーザーの成功体験を表します。たとえば「待たされなかった」や「都合の良い時間帯」といったものを1ではなく、それぞれ現実の割合（率）を使って0～100％で表します。そして❷～❹それぞれの評価得点を、基数×評価ポイントで算出します。たとえばコールセンターでは解決率100％とすると基数は100です。さらに待たされなかった率が90％なら、100×90％で評価得点は90です。

　図1-6は、「問題が解決できた」基数の最大値を100として、評価ポイントと評価得点そして合計評価得点を表にしたものです。合計評価得点が顧客満足度の指数として使えます。

図1-6　顧客満足への貢献を数字で表す採点表

FAQ 運営	現行の FAQ 運営		良い FAQ 運営	
成功体験（満足度に寄与）	FAQ サイト	有人チャネル	FAQ サイト	有人チャネル
❶問題を解決できた　　　　　　　基数	30	100	80	100
評価得点	基数 × 評価ポイント	基数 × 評価ポイント	基数 × 評価ポイント	基数 × 評価ポイント
❷問題を解決できた × 都合の良い時間	30 × 100%	100 × 50%	80 × 100%	100 × 50%
❸問題を解決できた × 待たされなかった	30 × 100%	100 × 90%	80 × 100%	100 × 100%
❹問題を解決できた × 短時間で	30 × 100%	100 × 60%	80 × 100%	100 × 80%
❺問題を解決できた × 初めに選んだチャネルだった	30 × 100%	100 × 30%	80 × 100%	100 × 100%
❻問題を解決できた × 人と対話できた	30 × 0%	100 × 100%	80 × 0%	100 × 100%
合計評価得点（顧客満足度指標）	120	330	320	410

図の解説は以下のとおりです。

❶有人チャネルの場合はアクセスできれば問題解決は100％とし基数を100とする。現行のFAQ運営ではユーザーの問題解決率が30％程度とし、基数は30となる。それに対してFAQ運営を改善した場合は、FAQの問題解決率80％（100％でもよい）を目指すとして基数を80とした

❷有人チャネルの応対可能時間は24時間365日ではないことを考慮して、評価ポイントを50％とした。インターネットのFAQサイトの場合はもちろん100％

❸有人チャネルは待ち時間があるケースを考慮して評価ポイントを90％としている。FAQサイトは待ち時間はないので評価ポイントは100％。

❹有人チャネルの場合ユーザーはオペレーターに説明をしなければいけないことやIVRへの対応に時間が取られることもあり、評価ポイントを60％としている

❺コールセンターに電話してきた人のうち最大70％はインターネットでいちど解決を試みたことを考慮し、ユーザーが初手でコールセンターを選ぶ割合として評価ポイントを30％とした。FAQ運営を改善した場合、コールセンターにFAQを経由して電話してくる人が減ることで、FAQサイトでもコールセンターでも評価ポイントを上げた

❻人と話せて問題解決できることを満足度への貢献として評価ポイントとした。無人チャネルのFAQサイトは0％だが、コールセンターの場合は最大の100％とした（実際は対話品質による）

　上記の数値は、顧客満足への貢献を数値で表す考え方を説明するために筆者が付けたポイントです。むろん企業ごとに事情は違いますので適宜評価ポイントなどを調整してください。

　このように採点できる項目の点数を積み上げると、顧客満足への貢献度を相関的な数値で表すことができます。❷〜❻に記載した以外にもユーザーの成功体験として比較できるものはあると思います。比較項目が増えた場合でも、FAQ運営やFAQで問題解決率が上がることで、顧客満足度向上

につながることには間違いありません。

この考えで顧客満足度を数値化する手法として採用し、KPIとして観察することで運営の目安となります。

システム導入の費用対効果を高める

良いFAQを運営することで、システムと人で仕事のすみ分けと役割分担ができます。それにより、カスタマーサポート全体での日々の運営を効率化できます。

カスタマーサポートに限らず企業内の業務で以下のようなことをよく目にします。

- ITや各種システムが整っているのにそれらの特性を活かして業務ができていない
- システムでもできる業務なのに人の労務時間が割かれている

システムがあるもののそれが活かしきれず、その結果人の作業負担が軽減されないのでは、システムを導入した意味がありません。もちろんシステムの導入費用対効果は出にくいです。

たとえば、FAQサイトのようなインターネット上のサービスは言うまでもなくシステムです。システムを活用する良いFAQ運営ができればカスタマーサポートの自動化（無人チャネル化）に近付けることもできます。

また良いFAQ運営を続けるとユーザーの問題自己解決率は徐々に高まるので、ますますカスタマーサポートの無人化が進められます。良いFAQ運営においては、人が時間を割くのは直接的なユーザー応対にではなく、FAQサイトやFAQコンテンツのケアが中心となります（**図1-7**）。

図1-7 FAQサイトを活かしてシステムと人の労務を分担する

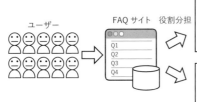

ユーザー　FAQサイト　役割分担

システムの得意分野
- 応対できるユーザーの数は事実上無限
- ログ分析をし効果や判断の材料を提示する
- FAQコンテンツ、ログデータも安全に管理
- FAQ運営にFAQメンテナンス環境を提供

人（運営者）の得意分野
- システムが提示する分析情報を判断
- FAQコンテンツのメンテナンス
- システム監視

　良いFAQ運営においては、運営の効果をさまざまな側面から分析して提示するようなことは、それを得意とするシステムで行います。分析を判断しながらFAQコンテンツの質を向上させる作業には人の時間が割かれますが、それは人の得意なことです。このようにシステムと人の得意分野を活かした役割分担を明確にすることが、システムを使った効率的な業務の進め方です。またそのことでユーザーが問題を自己解決できる率が増え、以下のようになれば、FAQシステムの導入費用対効果を高められたことになります。

（問題解決数×CPC）の累積＞FAQサイト初期導入費＋利用費の累積

┃コールセンターの応対品質が上がる

　FAQ運営が改善される前の電話がつながりにくいコールセンターでは、ひっきりなしに電話がかかってきている状況かもしれません。そこではオペレーターは心理的に常に追いかけられている状態です。高い応対品質をオペレーターに求めている一方で、1日当たりの応対数ノルマがあるコールセンターも少なくありません。

　オペレーターは生身の人間です。そういった現場だと心理的ストレスから、話し方は無意識に丁寧さや思いやりが薄くなる可能性があります。どんなにがんばっても、ストレスを持ちながらの応対ではその心理状態がユーザーに伝わってしまいます。それはオペレーターの責任ではなく、コール数が多くゆとりのない業務状況が原因なのです。

　FAQ運営の改善でユーザーの問題自己解決率が高くなり、コールセンターへのコール数が軽減されたら、オペレーター1人あたりの電話応対数やノルマを減らすことができます。オペレーターには自然に心理的なゆとりが生まれ、一つ一つの問い合わせに無理なく丁寧に応対できるようになります。もちろんそれは問い合わせをしたユーザーにも心地良く伝わります。これまでどおりのコールセンターによる応対品質の計算や定性的なユーザーアンケートでの調査でもポイントが上がることが予想できます。

売り上げが伸びる

良いFAQ運営は、営業やマーケティング部門にも貢献します。

カスタマーサポートを顧客に提供することによって企業イメージを維持すること、さらに商品やサービスの売上につなげることは、もともとの企業の意図するところでした。つまり顧客満足への貢献が売り上げに貢献するというロジックです。実際にコールセンターがこれまでその役目をしっかり果たしてきましたし、これからもその役割は同じです。

それに加えてFAQ運営も改善していけば、顧客満足に貢献することはすでに述べたとおりです。FAQサイトがコールセンター並みのユーザーの問題解決率になれば、企業がもともと意図していたカスタマーサポートからの利益貢献ができます。

さらに良いFAQ運営ができていないほかの企業に比べて、企業の評価に大差を付けられます。売り上げへの貢献は競合他社との差別化という形でもかなえられます。

マーケティングリサーチコストが削減できる

カスタマーサポートは寄せられるユーザーの声(VOC)を利用して、自ら非常に強力なマーケターになることができます。

企業は、商品やサービスを企画したり付加サービスや新機能を考えたりする際にマーケティングリサーチをします。マーケット部門は営業と協力して顧客の意識・動向を調査分析するのに余念がありません。マーケティングリサーチは企業にとって大切な業務ですがコストもかかります。

一方でカスタマーサポートには、コールセンターに寄せられるユーザーからの問い合わせがすべて記録されます。それらは応対履歴やコールログ(以下、VOCログ)と呼ばれ集積されます。カスタマーサポートでは、このVOCログを定期的に分析します。これがコンタクトリーズン分析です。

コンタクトリーズン分析には人の手による作業が伴いますが、良いFAQ運営では、この作業量を抑えつつ非常に正確・緻密な分析ができるようになります。その方法はFAQサイトを有効に使うことです。FAQサイトには、もともとユーザーからの問い合わせをもとにしたFAQが置かれています。FAQ一つ一つへのユーザーの利用数が、VOCの大きさ(強さ)を表している

と言えます。

　このようにFAQのユーザー利用状況分析は、高品質なマーケティングリサーチの一つの材料として企業の経営に役立てられます。また良いFAQ運営ではリサーチが非常に正確かつ緻密になります。そのことは次章以降に述べます。

カスタマーサポート従事者の就業率を改善できる

　周囲を見回しても、困りごとやわからないことがある人々がまずアクセスする先はインターネットであることは想像にかたくないでしょう。そしてこの傾向は新しい（若い）世代のユーザーほど顕著です。実際には、多くの企業でFAQサイトなどのサポートサイトへのユーザーのアクセス数は、有人チャネルへのアクセス数の実に5～10倍にもなります（筆者のコンサル事例）。

　その事実に基づくと、有人チャネルをメインに構成し投資されてきたカスタマーサポート業務を無人チャネル（インターネット）メインへシフトしていくほうが理にかなっています。インターネットの無人チャネルで対応できる数には物理的にも時間的にも事実上制限はありません。無人チャネルメインへシフトは、ユーザーのアクセス割合から考えても対応許容量から考えても賢明な方針です（**図1-8**）。

図1-8　　有人チャットとFAQサイトのできる仕事量の違い

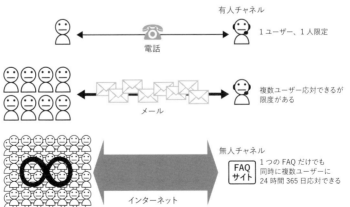

　無人チャネルメインに問題解決率を高め有人チャネルへのアクセス数が軽減されれば、カスタマーサポート従事者の仕事もユーザーへの役務からシステムとコンテンツの対応が中心の作業にシフトさせることができます。無人チャネルはWebサイトならではのデータ分析がしやすい特性を活かしシステマティックな作業が主となります。対人作業に比べれば精神的なストレスは大幅に軽減されるでしょう。

　さらに無人チャネルは有人チャネルとは違って、基本的に一対一のユーザー応対ではありません。たった1つの質の高いFAQだけでも無数のユーザーの問題を解決できる非常に効率の高いものになり得ます。そういった効率性の良さは数字に表れます。FAQ制作・メンテナンスあたりのユーザーへの貢献度が一対一の有人チャネルに比べてとても大きいので、業務の達成度（成功体験数）が大きくなります。

　精神的なストレス低減に加えて、業務の達成度は従業員満足度（ES：*Employee Satisfaction*）の向上にも貢献します。そうなれば離職率が下がり、就業定着率は上がってきます。それに関連して求人や新人へのトレーニングコストも軽減されます。

　誤解しないでほしいのですが、無人チャネルをメインにするからと言って有人チャネルの優先順位を下げたり廃止したりするということではありません。むしろその逆で、これからも大切な有人チャネルの絶対的価値を圧倒的に高めていくためでもあります。

　そのことについてものちほど述べます。

1-3

企業経営のなかのFAQ運営

　企業経営者は、もちろんFAQ運営を必要な取り組みとして承知しています。ただしカスタマーサポートの付属物という意識しかなく、実態を把握していない方も多いのではないでしょうか。

　釈迦に説法ですが、企業にとって市場との接点で現在重要視しなければいけないのはインターネット（Webサイト）です。そしてWebサイト上でのカスタマーサポート窓口はFAQサイトなのです。それはこれからも続くのではないかと思います。だとすれば、FAQサイトに対しても経営目線で改

めて向き合い、投資やリソースの追加を真剣に考えたほうがよいのです。

　ここからFAQ運営に関わるコストと期待できる成果を述べます。また正しくFAQ運営をした場合の企業経営へ期待できる良い効果も明示します。

FAQ運営に関わるコスト

　まずはFAQ運営にかかるコストを表していきます。

　FAQ運営にはFAQをユーザーに公開する前からまとまったコストがかかります。経営者はかかったコストに対する見返り（費用対効果）を求めなければいけません。かかるコストを分解してそれぞれの価値を整理しておけば、費用対効果を高めるヒントが見つかります。

　次のことを前提としてFAQ運営コストを述べます。

・FAQサイトにFAQ検索システムを導入する

・FAQ運営チームを作る

　FAQ運営において、FAQ検索システムの導入は必須ではありません。ただしコールセンターを運営している規模の企業なら、FAQ運営を正しく実施すればFAQ検索システムへのコストを割いても経営上の効果は出せます。

　FAQ運営チームとは、コールセンターでの電話応対業務やメール応対業務の片手間ではなくFAQ運営を専任で行うチームを指します。経営的に費用対効果を高めるのなら、専任者としてのFAQ運営チームは必要です。その理由や専任者の存在意義は本書で何度か触れます。

　上記の前提において、**図1-9**がFAQ運営に必要なコストの大項目です。❶は、FAQサイトを企業内外に公開（リリース）するまでです。❷は、FAQサイトをリリースしたあとの運営で、FAQサイトがある限りコストがかかります。また、❸のようにFAQサイトリリース前後を通じて常にかかるコストもあります。

　FAQ検索システムは、SaaSを月額利用（以下、サブスク）することを前提とします。その場合、通常はFAQ検索システムの初期導入費と月額利用料が必要です。それらについては、システムベンダー（以下、ベンダー）に尋ねればおおよその費用がわかります。初期導入費は0円〜1,000万円台とベンダーによって幅があります。また選択する機能やサポートのオプションによっても変わります。月額利用料も数千円からと幅があります。利用料

図1-9 FAQ運営に必要なコストの大項目

コスト時期	費用分類	項目
❶FAQ サイトリリース前	システム関連費	FAQ システム導入初期費 通常は SaaS（Software as a Service）を月額利用として採用する
	作業関連費用	FAQ コンテンツ制作前作業費
		FAQ コンテンツ制作費
		FAQ コンテンツ調整費
		FAQ 検索システムへの FAQ コンテンツ投入と調整費
		FAQ 初期試験費
		Web サイト設定費
		管理費
❷FAQ サイトリリース後	システム関連費	FAQ システム月額利用料 通常は SaaS を月額利用として採用する
	作業関連費用	FAQ コンテンツ分析費
		FAQ メンテナンス費
		管理費
❸常にかかるコスト	インフラ・設備費	インターネット接続通信料
		PC、ネット、電気、オフィスなどの設備使用料

が固定のものもありますが、使った数量(セッション量)、使う人の数(アカウント数)によって従量型の料金体系のものもあります。

　作業関連費用について❶および❷で記載のとおりのコストが計上されます。❷のコストはFAQサイトがある限り必要なコストです。作業内容については次章以降でも詳説していきます。

　❸のシステムや設備に関するコストには、細かいですがインターネット接続通信料、PC・ネット・電気などの設備使用料も実際に必要なので算入します。

FAQ運営で軽減が期待できるカスタマーサポートのコスト

　上記したFAQ運営にかかるコストについて、今度は費用対効果、つまりFAQ運営によってカスタマーサポート全体で軽減が期待されるコストを述べます。FAQ運営の結果次の計算のようになれば、企業としてFAQ運営の費用対効果を高められたことになります。

　カスタマーサポート全体での削減されるコストの累積 > FAQ運営コストの累積

　FAQ運営で軽減が期待できるコストは、主に次のようなものです。

・電話応対に関わるコスト
・メール応対に関わるコスト
・チャット応対に関わるコスト

　まず有人チャネルへの問い合わせが軽減されることでコスト削減が期待できます。さらに、FAQ運営の方法を良くしていくことで、次のコストも軽減できます。

・FAQ運営に関わるコスト

　つまり良いFAQ運営は、それ自体のコストも抑えられるのです。

軽減が期待できる具体的なコストの計算

　FAQ運営によって有人チャネルに関わるコストが軽減することを述べました。軽減される具体的なコストの考え方はシンプルです。電話応対を例にして言うと、次のように考えます。

FAQで1ユーザーの問題解決を1件できる
↓
ユーザーのコールセンターへの問い合わせ電話が1件減る

　コールセンターにおける1ユーザーの電話応対コストについては、CPCという指標があります。単位は日本円でよいでしょう。もしFAQによってユーザーの問題解決の数が合計N件になれば、

　（CPC × N)円

がコールセンターでコスト削減できたと考えます。

　FAQ運営に関わるコスト＜（CPC × N)円

となれば、電話応対コストに対してFAQ運営の費用対効果を高められたと考えます。その効果が出るまでの期間はある程度取らないといけないので正確には、

　FAQ運営に関わるコストの累積＜（CPC × N)円の累積

となったときにFAQ運営の費用対効果を高めたと言えます。

　この確認をするためには、カスタマーサポート責任者は自社のCPCを正確に計算しておきます。CPCの計算方法は次のとおりです。CPC自体は対象の期間や時期によっても変わりますので、計算は折に触れて行い最新の値を正確に把握しておきます。

　　CPC＝一定期間内でのコールセンター運営費合計÷同期間内でのコール数

　コールセンター運営費の内分けは次のとおりです。内分けに何を入れるかのわかりやすい考え方として、「コールセンターが存在しなかった」場合と比較した差額を考えるとよいでしょう。

・オペレーターの人件費
・管理者の人件費
・ユーザー応対の電話代
・設備費（PC・電話・オフィス家具など）
・FAQやナレッジシステム利用費
・CRMなどのシステム利用費
・場所代（オフィスなどの賃料）
・電気代

　その他こまごまとした費用なども積み上げていくと、コールセンターの運営費、ついてはCPCは安くない金額であることがわかります。コールセンターを外部に委託している場合でも委託に関わるさまざまな管理費や事務手続きも考えるべきです。

　FAQのユーザーの問題解決によって電話だけではなくメールやチャット応対も軽減することを考えると、上記同様の考え方でメールやチャット応対1件あたりのCPCのような数値も指標として計算しておきます。

　このように考え、少しシミュレーションするだけでもFAQにどれくらいの価値があるかわかってきます。

　図1-10では、ある FAQ で問題自己解決できるユーザーが1,000人いたら、

　　CPC × 1000

もの電話応対コストをそのFAQが肩代わりできることを表しています。この図ではCPCを1,228円としています[6]。

注6　参考：『コールセンター白書2020』80ページ

図1-10　FAQの金銭的価値

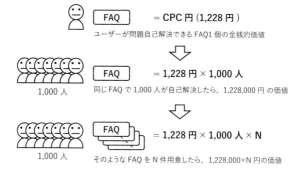

　さらにこのような質の高いFAQがN個あれば、単純計算で

CPC × 1,000 × N

の電話応対コストをこれらN個のFAQで軽減できるというシミュレーションができるのです。

FAQ運営で期待できる売り上げ

　良いFAQ運営によって売り上げを伸ばすことができます。それは、FAQサイトで商品やサービスを直接販売するということではありません。FAQによって「購買の機会損失」を減らすのです。売り上げを視点にしたFAQ運営の費用対効果は次の計算でもできます。

　FAQ運営に起因する売り上げ増の累積 > FAQ運営コストの累積

　多くの人は自分の欲しい商品や使いたいサービスがあれば、購入する前にインターネットで不明な点などを調べようとします。もし不明な点が明確にならなければ、あるいは商品やサービスの取り扱い企業のFAQサイトで納得する解決を得られなかったら、購入をやめる人もいるでしょう。それは企業にとって売り上げの機会損失です。FAQで解決できなかったことが原因となる機会損失を正確に測るのは難しいですが、その累積は莫大になっているかもしれません。

　人々が商品やサービスを購入する前の問題や不明な点を解決して売り上

げの機会損失を防ぐ。これが、FAQサイトが売り上げに貢献するロジックです。

また商品やサービスを購入しようとする人をサポートして直接的に売り上げを伸ばす手伝いもFAQにはできます。FAQが、商品の購入ページを案内したり、支払い手順ページを案内したりする例です。そのようなしくみにしておくと、どのFAQがどの商品の売り上げ増に貢献しているかも分析できるようになります。FAQから購入ページや支払い手順ページといったユーザー導線の追跡（トラッキング）は、Webサイトの性質を利用すれば容易だからです。

コールセンターでの営業機会損失を減らし売り上げに貢献

コールセンターでのオペレーターの応対はいつも手厚く丁寧で、問題の解決率も非常に高いのですが、そのことで直接的な売り上げの機会損失になってしまう場合もあります。たとえば商品注文をコールセンターで受け付けている通販会社や、営業社員がユーザーからの商品購入以外の問い合わせ（コストコール）応対も兼任している企業などです。

商品の注文や申し込みではないコストコールでも1つの電話回線と1人オペレーターの時間は奪われます。つまりその時間その回線に入ってくるかもしれない注文や申し込みの機会損失となっている可能性があるのです。

FAQサイトが正しく機能し、顧客に問い合わせしたいと考えている問題の自己解決を促せば、上記のような機会損失も減らしていけます。FAQサイトには受け付け数も受け付け時間にも制限がありません。もしFAQサイトの問題解決率がコールセンターのオペレーターレベルになったら、注文の機会損失をなくし売り上げの向上を助けます。

また内部用のFAQサイト（ナレッジサイト）も良い運営をすることで、コストコールの応対をしなければならない場合でも、その時間を短縮できます。このことでも少しでも売り上げとなるコールを待機する電話回線を増やせます。

サブスクの継続はカスタマーサポートの営業ミッション

カスタマーサポートやFAQサイトがしっかりしていなければ、企業の売

り上げが続かない深刻なケースも増えています。

　サービスや商品に対するお金の支払い方として、サブスクリプションモデル（以下、サブスク）が拡大しています。インターネット（クラウド）でのSaaS利用や各種コンテンツの利用だけではなく、家電や車や食品に至るまで、サブスクモデルが広がってきました。

　ユーザーにとってサブスクは比較的すぐに始められ、そして自己都合でいつでもやめたり他社に乗り換えたりできます。ユーザーは基本的に利用した単位期間（多くは月ごと）の分ごとに支払いをすればよいのです。

　一方で企業側は、ユーザーがサブスクのサービス利用を続けている間は売り上げを出せますが、利用をやめるとそのユーザーからの売り上げはなくなってしまいます。サブスクの場合は、ユーザーの「利用の継続」の促進が、企業にとって安定した売り上げのための活動なのです。

　そして、ユーザーがサブスクの利用を継続する重要な決め手はカスタマーサポートです。商品やサービスの利用法や不安な点に対していつもわかりやすく明確に解決してくれるサポートがあれば、ユーザーは安心と好感をもってサブスクを継続してくれます。そうではないサポート品質なら、サブスクを辞める理由になってしまうでしょう。ユーザーができるだけ長くサブスクを利用し続けていること自体がカスタマーサポートの価値です。多くのユーザーがサブスクを長期利用しているという実績は、未来のユーザーへのアピールにもなります。

　このようにカスタマーサポートはサブスクにおいては重要なのですが、有人チャネルでのカスタマーサポートのコストはサブスクにとっては割高かもしれません。そこで有人チャネルに代わり高品質なFAQサイトがユーザーに問題解決を提供し信頼を獲得できれば、サブスクの売り上げも維持できるのです。

1-4

CRMとFAQ運営

CRM（*Customer Relationship Management*）とは、その名のとおりカスタマー（ユーザー）と企業の良好な関係を維持管理することです。カスタマーサポートはCRMの重要な要素です。

企業内にある多くの部門の中でカスタマーサポート部門はユーザーとの接点が最も多く、しかも接点のほとんどは「ユーザーからの能動的なアクセス」です。それゆえカスタマーサポートは企業にとっても意義のある情報がたくさん得られ、情報は企業にとって経営の重要な資源となります。

カスタマーサポートにおけるCRM

企業におけるCRMの大部分を担っているのは、営業やマーケティング部門とカスタマーサポート部門でしょう。なかでもカスタマーサポート部門は、ユーザーとのコミュニケーション量において、営業・マーケティング部門をはるかにしのいでいます。電話、インターネットでの応対チャネルの多さ、対応時間、対応の件数などいずれも量の多さは数値が証明しています。

企業経営において重要な売り上げ向上は、ユーザーとの関係なくしてはあり得ません。CRMを合理的に推進できれば、カスタマーサポートは営業以上の営業と言えるかもしれません。実際にカスタマーサポート部門を営業の配下に位置付けている企業は多いのです。

またカスタマーサポート部門は、以前からシステムを使って合理的にCRMを推進しています。多くのカスタマーサポート部門には多様なCRMシステムが整いつつあり、その中にはナレッジ管理システムやFAQ検索システムも含まれます。

カスタマーサポートで得られるVOC

カスタマーサポートは、ユーザーからの問い合わせに基本的には受動的に応えていく立場です。受ける問い合わせの一つ一つには、商品やサービ

スに対する前向きな指摘が含まれていることも多いです。そのため企業は
カスタマーサポートを中心に「お客さまの声（VOC）を大切にしよう」をスロ
ーガンに掲げています。

　VOCは、カスタマーサポートではユーザーとオペレーターの応対内容を
テキスト形式で記録しています。またユーザーとオペレーターの電話応対
の音声をそのまま録音された形や、その音声を音声認識技術でテキスト化
している場合もあります。こういった「応対記録」の蓄積がVOCログです。
VOCログはあとあと集計や分析に使えるようにスプレッドシートなど決ま
ったテンプレートに収まっていることが多いです。

　これらのVOCログを分析することがコンタクトリーズン分析です。コー
ルリーズン分析とも言いますが、電話だけではなくメール、チャット応対
のVOCも含めて分析するのでコンタクトリーズン分析と本書では呼びます。

　コンタクトリーズン分析をすることで営業やマーケティング活動に有益
な情報が得られます。そしてFAQ運営はじめカスタマーサポートのために
は、コンタクトリーズン分析で得られた分析情報が必須かつとても重要に
なります。

　コンタクトリーズン分析をしっかり行うことは、ユーザーの声をくみ取
るCRMの一環です。コンタクトリーズン分析にどれくらい取り組むかが、
カスタマーサポートそして企業の業績にも影響します。

┃コンタクトリーズン分析と正しいFAQ運営

　VOCをカスタマーサポートに活用することは、企業の「お客様の声を真
摯に受け止める」姿勢の現れでありCRMの始まりです。したがってコンタ
クトリーズン分析は必要不可欠なのですが、コールセンターでは日々流入
するユーザーからのコールの対応に追われてしまいコンタクトリーズン分
析が思うように進んでいない、あるいは後回しになっている企業は多いか
もしれません。しかしコンタクトリーズン分析をしないカスタマーサポー
トは、実は自社の経営に大きな損失を与えています。

　コンタクトリーズン分析ができていない理由としては、分析作業自体が
とても大変という認識があるからです。ところがしっかり向き合ってコン
タクトリーズン分析に取り組めば、

・問い合わせ対応に追われることがなくなる方法のヒント

・コンタクトリーズン分析そのものをスマートに行うヒント

が得られます。

つまりコンタクトリーズン分析をきちんとしていないから良いヒントが得られず、カスタマーサポートが忙しいままになっている可能性が高いのです。コンタクトリーズン分析は、FAQ運営をはじめとするカスタマーサポートの作業量軽減のためになるのです。

そもそも、コンタクトリーズン分析をせずに正しいFAQ運営を行うことは不可能です。ユーザーからの「よくある問い合わせ」はコンタクトリーズン分析をして初めてわかるからです。しっかりとコンタクトリーズン分析をして、合理的に問い合わせ応対することは、「問い合わせの多いユーザーの声」に優先的に対応できることになります。言われてみれば当然ですが、これがスマートなFAQ運営です。

CRMの一環でコンタクトリーズン分析をして、そしてその結果良質なFAQも作れます。それがまたCRMに還元されます。もちろんそれは企業の経営のためです。

カスタマーサポートのみならず企業経営においてコンタクトリーズン分析は非常に重要な業務なので次章以降にもたびたび出てきます。また第5章でその重要性をあらためて述べます。

1-5

FAQ運営が企業の顧客への意識を表す

ほとんどの企業は、世の中のすべての人が閲覧し読むことができるインターネットで企業サイトを運営しています。企業サイトに掲載されている内容は隅々まで企業自身を表していると言えます。

その中でも、特にFAQサイトには企業にとって現在のユーザーや将来のユーザーが能動的に訪れます。FAQサイトももちろんユーザーから見た企業を表しています。期待されることがほかのサイトページよりも多いので、ユーザーが企業の意識をより強く感じるサイトでもあります。

FAQサイトをコールセンターと同程度の問題解決レベルにする

　カスタマーサポートが抱えているコールセンターは、ユーザーから見て企業の窓口です。すべてユーザーはコールセンター応対でのオペレーターの態度を企業の姿勢ととらえているはずです。そのためコールセンターの応対品質は企業にとっては大命題です。

　カスタマーサポートにはコールセンターのような有人チャネルと併せて、FAQサイトという無人チャネルがあります。無人チャネルだからといって有人チャネルに匹敵する高い応対品質にするのは無理だと言うことはできません。ユーザーから見れば、有人・無人関係なく企業が提供しているカスタマーへのサービスであることに違いないからです。ユーザーはFAQサイトにもコールセンター同様の企業姿勢を期待しているはずです。

　コールセンターにもFAQサイトにもユーザーは自ら時間を使い、能動的に、そして期待をもってアクセスしてきます。コールセンターがそれに応えられているのなら、同様のレベルでFAQサイトも応えられるとユーザーは考えます。FAQサイトは無人チャネルなのですが、運営自体は人が行っています。人が運営しているコールセンターでの高い問題解決率が実現できるのであれば、FAQサイトでもできるはずです。

　ユーザーの期待に応えたいならば、企業はFAQサイトにもそのしくみと体制を整えなければいけません。それができていなければFAQサイトを使っているユーザーに対して企業としての義務と努力を怠っていることになります。

　そう考えると、FAQサイトはユーザーから見てWebサイトにおける企業姿勢のバロメーターかもしれません。

FAQでの応対品質はコールセンターよりも改善しやすい

　コールセンターの改善や品質向上には、その有人チャネルを担うオペレーターへの教育や心理的な気遣いが伴い作業量も時間も相当かかります。またオペレーターは人であるがゆえに、作業遂行を機械と同じようにはコントロールできない面もあります。

　FAQサイトの場合は、品質の向上つまりユーザーの問題解決率を上げていく取り組みは機械的に淡々と遂行できます。FAQサイト自体がインター

ネット上にある「システム」だからです。

　システムであるFAQサイトでは、ユーザーがアクセスしたときに残る利用データ（ログ）は集積から分析まですべてほぼ自動です。運営者が分析値を判断しFAQをメンテナンスするとその後の成果はふたたび自動でデータ化されます。FAQサイトではFAQ運営者の相手がシステムであるがゆえにメンテナンスに気遣いもなく時間に関係なく何度でもできます。そしてシステムなので疲れることもなく稼働してくれます。

　このように、メンテナンスと品質向上に取り組みやすいのがFAQサイトです。カスタマーサポートはこの性質を全面的に活用したFAQ運営を行わなければいけません。

誤ったFAQ運営と正しいFAQ運営

　誤ったFAQ運営をしていると、カスタマーサポート全体を巻き込む悪いスパイラルに陥る恐れがあります。悪いスパイラルはFAQサイトで自己解決を試みたのにそれがかなわなかったユーザーがコールセンターに殺到して、コストコール数が増大してしまうことから始まります。

　コールセンターではオペレーターのストレスが大きくなり、最悪の場合応対品質低下や離職につながります。人手が足りなくなれば当然ながらFAQサイトの分析やメンテナンスにも手が回らず良質にできないのでますますコールセンターのコール数が増えます。一方でユーザーもさらに電話がつながらなくなりこちらでも多くの不満が募ってきます。

　誤ったFAQ運営の代表的なものを列挙します。

・コンタクトリーズン分析を定期的にしていない
・FAQの分析やメンテナンスを定期的にしていない
・FAQコンテンツ（質問文と回答文）の書き方の質が悪い
・Webデータやシステムをしっかり利活用していない
・カスタマーサポート内でほかのチャネルとの連携ができていない

　誤った運営に関連して連鎖的に誤りが拡大した典型的な負のスパイラルの一例が次のようなものです。

・コンタクトリーズン分析をしていない
　　→マニュアル、個人的な想定や経験から大量にFAQを制作

　　→ユーザーの問題解決率が上がらない
　　→カスタマーサポート全体の負荷が上がる
　　→分析やメンテナンスに手が回らずFAQの質が悪くなる
　　→コンタクトリーズン分析している時間が取れない

　このようなFAQ運営の誤りに気付きさえすれば、意識して正しいFAQ運営に切り替えられます。正しいFAQ運営に切り替えると、カスタマーサポート全体が良いスパイラルになり相乗的に複数のことが改善されます。たとえば以下のようなサイクルです。

・コンタクトリーズン分析をする
　　→合理的にFAQを作ることができる
　　→FAQサイトでのユーザーの問題解決率が高くなる
　　→コールセンターへのコール数が軽減される
　　→コール数が減りゆとりができたことでさらにFAQの改善が進む
　　→FAQの問題解決率がさらに高まる

　このように良いスパイラルの良いFAQ運営になると加速度的にカスタマーサポート品質が上がり、それに伴ってユーザーからの評価も良くなっていきます。こうなるとFAQサイトはコールセンターに負けない顧客応対品質、つまり問題解決率に近付くことができます。
　次章からそのための進め方を順に述べていきます。

Column

筆者が行ったセミナーやコンサルにおいて、よくいただくご質問とその回答を紹介します。

Q.

FAQ運営に時間を確保する方法は？

A.

数字を証拠として見せれば、企業の決定権者はFAQサイトの運営に対してより時間を確保しなければいけないと考えます。

まずFAQサイトにアクセスするユーザー数（PV数など）を調べます。そして、それをコールセンターへの受電数と比較し、FAQサイトにアクセスするユーザー数のほうが多いことを確認します。コールセンターにアクセスするユーザーも、最初はFAQサイトにアクセスしていることが多いです。

FAQサイトは無人といえども、必ず分析とメンテナンスは必要です。このアクセス数に比例して労務、時間の工数の確保が必要と考えます。

Q.

効率的なFAQ運営の第一歩は？

A.

効率的なFAQ運営方法の第1歩は、コンタクトリーズン分析を綿密に行うことです。そしてその分析にしたがってFAQを準備することです。またコンタクトリーズン分析は、FAQ運営の間は行い続けることも大切です。

Q.

人材不足でもFAQ運営者を確保する方法は？

A.

まずはカスタマーサポートの非効率な運営を見直し効率化と合理化を図ることです。Webサイト中心でのカスタマーサポートがユーザーにも企業にも合理的です。合理的なカスタマーサポート運営ができれば、予算の余剰で人材投資や報酬も増やせます。

Q.

最小限収集するべきKPIは？

A.

FAQ運営において最小限欲しいKPIは次のようなものです。

・FAQサイトのPV

・各FAQの閲覧数と閲覧数ランキング

・FAQへの回答到達率

・FAQの問題解決率

またコールセンターと協力して得たいKPIは、FAQ（コンタクトリーズン）ごとの問い合わせ数の推移です。

第 2 章

FAQ運営の準備

　本章では、FAQ運営の基本的な準備について、カスタマーサポート内で検討し決定していくことがらを述べます。検討や決定にあたっては知識や情報調査が必要なものもありますのでそれらもまとめます。

2-1

FAQ専任者を任命する

　FAQ運営に携わる人たちを本書ではFAQ運営者と呼んでいます。その中でもFAQだけに特化した作業および取り組みをするFAQ専任者を任命します。多くのカスタマーサポートで専任者と言えば、コールセンターのオペレーターは電話応答の専任者です。またオペレーターをサポートするスーパーバイザー(SV)という専任者もいます。それと同様に、FAQサイト運営に関しても、専任者とその任務があります。専任者の重要性については第5章にもまとめています。

FAQ専任者の任務と必要性

　ユーザーから見れば、FAQサイトはコールセンターと並ぶ企業の 公 のサポートサービスです。しかもほとんどの企業においてユーザーからのアクセス数は、Webサイトのほうが圧倒的にコールセンターよりも多いのです。そう考えるだけでも専任者は必要だとわかります。

　FAQ専任者の責任は、FAQの運営で成果を出すことです。したがって専任者には、明示された目標達成に取り組める人が適任です。またFAQ専任者がいることで、カスタマーサポートでありがちな属人化が防げます。属人化とは組織において特定の個人しか知らない・できないといった状態になっていることです。知識やノウハウが組織で共有されずに一部埋もれているという良くない状態です。FAQ専任者は責任をもってそれらの知識をFAQやナレッジとして広く共有します。

　専任者の3つの役割を挙げておきます。

・FAQ運営責任者
・FAQライター

・FAQ分析責任者

次に、上記の役割について述べていきます。

FAQ運営責任者

FAQ運営責任者の主な役割をまず列記します。

・FAQ運営の目標を立て、目標達成に向けて運営に責任を持つ
・KPIを管理して状況を計測する
・KPIが向上するような方策を検討する
・FAQ運営者が分析とメンテナンスを継続するようにマネジメントする
・運営方針の微調整をする
・カスタマーサポートの他メンバー、企業内他部署と連携する

FAQ運営責任者は、FAQ運営のプロジェクトマネージャー（PM）のようなものです。FAQ運営がその目標に近付き達成することに責任を持ちます。特にFAQサイトが社内外のユーザーに公開されたあとは、運営の目標達成目途を立てて遂行の指揮をとります。

FAQ運営は、FAQサイトから取得できるさまざまなユーザー利用状況のデータを分析しながら、分析値やKPIが向上するようにFAQの質を高めていく営みです。そのため各FAQ運営者に対してFAQの分析とメンテナンスの方針を示します。また分析とメンテナンスの方針や方法についてはFAQ運営者全員が共有できるようにします。

たとえばFAQコンテンツの目指すものは、検索のしやすさやユーザーの問題解決のしやすさです。それらの効果やそれを支える品質に関する指標（KPI）を定め、可視化（数値化）したものを頼りに進めます。FAQ運営責任者はKPIの責任者でもあります。

FAQ運営責任者は、FAQ運営を通じてKPIを計測しながらFAQライターと一緒に品質を上げていきます。FAQ運営そのものが滞りなく進行し、常にKPIを目標値に近付ける取り組みが継続するようにフォローします。

スケジュールやプランのみならず、FAQライターはじめFAQ運営者の労務管理もします。KPIを上げていくことが目標といえども、無理やストレスのない運営は大切です。なお、可視化やKPIについてはのちほど述べます。

FAQライター

　FAQライターは、FAQサイトに掲載するためのFAQの質問文（以下、Q）と回答文（以下、A）を専門的に作文・編集します。さらにFAQに対して同義語辞書やメタタグといったユーザーの検索を助けるFAQ検索補助テキストを制作します。FAQ検索システムの一つであるチャットボットを導入する場合は、シナリオの設計や言語認識用の辞書の準備もFAQライターが行います。

　FAQライターは、FAQ運営が本格的に始まったらFAQや補助テキストのメンテナンス（編集）も行います。専任FAQライターとしてユーザーを問題解決に導けるような質の高いFAQに育てていきます。

　FAQライターには次のような任務があります。

・ユーザーが問題を解決できる文を書く
・FAQ検索システムにFAQがヒットしやすい文を書く
・検索補助テキスト（FAQに対して同義語辞書やメタタグ）を制作する
・FAQのメンテナンス（編集）をする
・FAQを最適にカテゴライズする

　企業の規模に応じてFAQライターは複数任命したほうがよいです。企業内に適任者がいない場合、カスタマーサポートのメンバーをFAQライターに育成するという方針でももちろんかまいません。

　FAQサイトが存在する限り、全FAQに対してメンテナンスは専任のFAQライターが行います。FAQライターを任命したらそれ以外の人が書いたFAQはそのままFAQサイトに掲載をしないか、FAQライターがレビューしたうえで掲載します。

FAQ分析責任者

　FAQ分析責任者は特にFAQサイトのユーザー公開後の本格運用において、FAQのユーザーの利用状況を専門で分析します。分析の結果はFAQのメンテナンス判断材料として、FAQ運営責任者、FAQライターと連携しFAQの編集・追加を検討します。

　インターネットにあるFAQサイトは、さまざまなユーザー利用状況のデ

ータや数値（ログ）を得るのに優位な環境です。ログそのものはFAQサイト構築時に作っておくしくみや、FAQ検索システムの導入によってほぼ自動で集積できます。また非常に細かく大量のデータを取ることもできます。

ログはそのままでは単なるデータの集まりなので、それらは分析値、そしてその一部はKPIになるように計算が必要です。FAQサイトはシステムの一つなので、こういった計算もほぼ自動で行います。特にFAQ検索システムを導入している場合は計算結果の分析値を見やすいグラフや表で示してくれます。

つまりFAQ運営の場合、システムが作業を手伝ってくれる面が大きいので、人のする作業はシステムが集積・計算したさまざまな分析値を計測することです。そしてその分析値や推移によって判断しFAQコンテンツをメンテナンスします。分析値からどのような判断をするかやメンテナンスの方向性は、FAQ分析責任者が方針を立てます。そしてFAQ運営責任者、FAQライターと連携して実際のメンテナンスや公開しているFAQを更新します。更新後にまたFAQのユーザー利用状況を計測するということを繰り返します。

FAQ運営者ではないメンバーと情報連携するための取り決め

FAQ運営責任者は、運営の目標に近付き達成することが任務です。そのためには、FAQ運営者以外の人たちへ情報連携や仕事の依頼もしなければなりません。FAQ運営の準備段階で多方面からの情報や作業の協力を得ます。それぞれの知見を持ち寄って密接に情報連携をすることでカスタマーサポートの「知的財産」共有ができます。

カスタマーサポート部門内での電話・メール・チャット応対責任者、カスタマーサポート部門外ならWeb担当部門、営業やマーケティング部門と密接に協力作業します。たとえばカスタマーサポート部門内での連携については、FAQにはコールセンターでのVOCログは必須の情報です。それらをコンタクトリーズン分析したものがFAQの原資となるからです。

FAQ運営がコールセンターの業務にどのように影響や貢献をしているか確認していく必要もあります。有人チャネル、無人チャネル相互で効果的に成果を出すためには濃厚な連携が必要です。

カスタマーサポート部門以外では、FAQ運営責任者はWeb・広報部門と

もコミュニケーションを図ります。FAQサイトの存在を内外にアピールしてもらう必要があるからです。FAQ運営にどんなに真摯に取り組んでも、多くのユーザーがFAQサイトに気付かないと成果を出すことはできません。Web・広報部門にはFAQサイトへの導線を太くし、SEO（*Search Engine Optimization*、検索エンジン最適化）対策などを強化してもらいます。もちろんFAQ運営からも、Web部門、営業・マーケティング部門にサイトを利用するユーザーの動向など役に立つデータのフィードバックをします。

2-2

FAQサイトの前提を決める

FAQサイトを構築するには、その前提を決め整理しておきます。FAQサイトの前提とは、次の基本的なことです。

- ターゲットユーザー
  FAQサイトは誰が使うのか
- テーマ
  何（商品やサービス）についてのどんなFAQから始めるか

FAQサイトのターゲットユーザーを決める

FAQサイトを利用するターゲットユーザーを決めます。考えられるターゲットユーザーとそれに伴うFAQサイトの設置方法は、基本的には次のとおりです。

- 一般個人ユーザー
  インターネットに一般公開
- 会員個人ユーザー
  ログインアカウント付きでインターネットに設置
- 顧客企業
  インターネットに一般公開（ログインアカウント付きの場合もある）
- コールセンターのオペレーター
  社内イントラネット内に設置。またはログインアカウント付きでインターネットに公開

・企業内社員

　　社内イントラネット内に設置。またはログインアカウント付きでインターネットに公開

　ターゲットユーザーを決める理由は、それらのユーザーが必要な利用環境やFAQを検討するのはもちろんのこと、ターゲットユーザーに合わせたFAQの文のスタイルや、使える用語などを検討するためです。

　FAQサイトを使うユーザーが一般の個人の場合は、言語リテラシに幅があることを想像してできるだけ平易な表現にする必要があります。ユーザーが特定の企業や専門知識を持っている人たちならば、専門的な表現や特別な用語を使っても問題はないかもしれません。ユーザーがコールセンターのオペレーターでFAQサイトに書かれている情報（ナレッジ）を電話の向こうにいる一般の人に案内するような場合は、シンプルなFAQが良いです。なぜならばオペレーターは電話の向こうにいるユーザーの話を傾聴すると同時にFAQを探し、文を読み、理解して話す必要があるからです。そんなオペレーターの負荷を下げるには、扱う情報がシンプルであることが助けになります。

　FAQの書き方については第3章で述べます。

FAQリリース時のテーマを決める

　特に一般公開向けのFAQサイトの場合、リリースする際のFAQの対象テーマを準備段階である程度絞っておきます。テーマを決めずにFAQサイトの構築を始めると、すべてのお客さまのあらゆる問い合わせをすべて準備するということになってしまいます。そうなってしまうと準備が大変なだけではなく、リリース当初からFAQ運営者の稼働が多い割には成果がなかなか出ない状況になります。

　開始当初に設定するFAQのテーマの例としては、次のようなものです。

・商品が複数ある企業なら一部の商品だけに絞ってFAQ運営を始める

・全商品に対して共通に問い合わせが多い内容に絞ってFAQ運営を始める

　サイトをリリースする際に、コンテンツを絞って開始するのをスモールスタートと言います。少ない数のFAQならば初期メンテナンスも集中的にでき、いわゆるPDCA（Plan：計画、Do：実行、Check：評価、Action：改善）

が早いサイクルで回せます。そしてFAQ運営が軌道に乗ってきたら、FAQのコンテンツ対象を増やしていきます。

　社内向けで使う場合も、ある程度はテーマを絞ったほうがやはり準備やメンテナンスが効率的になります。コールセンターのオペレーターが使用する場合は、特に多い問い合わせというテーマを優先して段階的に準備すると効率的になります。

　スモールスタートに関しては第5章でも述べます。

2-3

FAQ運営の目標を決定する

　FAQ運営の目標は明確な成果です。成果とは、取り組みによってなんらかの良い変化をもたらすことです。そして成果は誰もが明確に納得できるものにします。

状況と目標の可視化（数値化）

　FAQ運営の状況や目標は可視化します。関係者全員がそれを共通認識しやすくするためです。カスタマーサポート、FAQ運営も企業としてのビジネスの一環なので、状況や目標を宣言する際は可視化します。可視化しておくと、世界中誰が見ても誤解がなく同じ土俵に立てます。ちなみに、可視化のことを「視覚化」「見える化」「言語化」「ビジュアライズ」という場合もありますが、本書では可視化という表現に統一します。

　FAQ運営における可視化とはつまり数値化です。数値ほど誰が見ても解釈の違いがなくロジカルなものはありません。現在値や目標を数値化し、FAQ運営によってある特定の数値が良くなることを成果とします。

　ちなみに数値化したものと対極にあるのが、感覚的で感情的な表現です。たとえば「楽になる」とか「わかりやすくなる」「便利になる」といったものです。組織で進めるビジネス現場で目標を表すものとしては危険な表現です。こういった表現は個人の感想・解釈や人間関係に依存する部分が多いです。また評価も年月とともに変わり、ぶれることになります。

　可視化、数値化されるものは具体的には分析値などですが、そのうちい

くつかのものは指標、KPIとして注視していきます。KPIは原則的に毎日でも計測します。特定のKPIがあれば関係者全員で目標への到達度や変化を共有できます。KPIを計測し運営の方針を検討・実行していくことは、ロジカルで科学的な取り組みです。

KPIはいくつあってもかまいません。複数のKPIを設定するのは、現状を多面的に見るためです。KPIの種類や意味は後段で述べます。

数値の単純カウントとユニークカウント

KPIはいくつかの数値(分析値)を計算して求めることが多いです。KPIの計算のもととなる分析値データには、ユーザーの操作に関する単純カウントとユニークカウントがありますが、まずそちらを説明しておきます。

単純カウント

FAQサイトはインターネット上あるいは社内ネット上にあるので、そこにつながるユーザーなら誰でも何度でもアクセスできます。たとえばある1人のユーザーがFAQサイト上のリンクをクリックするとその足跡はタイムスタンプ(年・月・日・時・分・秒)付きでFAQサイトのログに記録されます。同じユーザーが同じバナーを5回クリックしたら記録も5つになります。そのような記録をそのまま数えることを単純カウントと呼びます。

ユニークカウント

ユニークカウントとは、同じユーザーが同じリンクを同時間帯に連続して何度クリックしてもカウントは1とすることです。そのユーザーが何度もクリックした理由はわかりませんが、Webサイトでは同じリンクを何度連続してクリックしても基本的には結果は同じです。

複数回連続してクリックしたのが同じユーザー(ユニークユーザー)かどうかを見るのは、ユーザーのIPアドレスが頼りです。すべてのユーザーが個別のIPアドレスを持っているわけではないので厳密には完全に同一人物とは言えないのですが、同じ時間帯に同じIPアドレスからのアクセスはシステム上ではユニークユーザーと判断します。

FAQ運営においてKPIをより精密、正確にするには、基本的にユニークカウントを取得します(**図2-1**)。

図2-1 単純カウントとユニークカウント

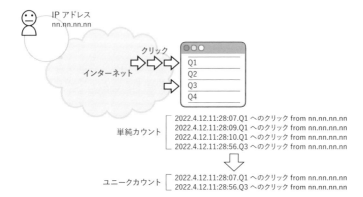

基本的なKPIと計算式

FAQ運営のKPIについて、最低限計測していく基本的なものを記載しておきます。

KPIは、できるだけ連日の変化と推移を見ます。なおKPIの計算で使用されるデータや分析値はユニークカウントが基本です。

ここではPV（*Page View*）という分析値が出てきます。PVとは、Webサイトの各ページのアクセス数です。PVはユーザーが該当ページを開くたびにカウントされます。FAQサイトのトップページやFAQの回答ページごとにPVがあります。PV数はこれから述べるさまざまなKPIの計算に使われます。

ちなみにFAQ検索システムやGoogleアナリティクスをFAQサイトに導入しておけば、分析値やKPIの取得も容易です。

ここではひとまず、KPIの種類とその意味を紹介します。各KPIを向上させていく方法については第3章、第4章で述べます。

FAQサイトの閲覧数・閲覧率

FAQサイトのPVそのものはKPIになります。

このKPIは、FAQサイトのトップページの閲覧数を表します。ユーザーから見たFAQサイトへの導線が太いかどうかの指標なので、このKPIの値は大きいほど良いです。FAQサイトの閲覧率を計算すると、企業のWebサ

イトに訪れるユーザーのFAQサイトの注目度合いもわかります。

> FAQサイトの閲覧率 = FAQサイトのPV ÷ 企業のWebサイト配下にある全ページの総PV

近年では、FAQを閲覧するユーザーは、FAQサイトのトップページを経由せずにGoogleのようなWeb検索エンジンで検索し、直接一つ一つのFAQページを閲覧することが多いです。それでもFAQサイトの閲覧数・閲覧率というKPIは大きいほうが良いです。

FAQごとの閲覧数と順位、閲覧率

FAQごとの閲覧数とFAQごとの閲覧率をKPIとします。

FAQごとの閲覧率は全FAQの閲覧数合計に対して一つのFAQの閲覧数が占める割合です。FAQごとの閲覧数を計測することで、全FAQの中で特定のFAQにユーザーの閲覧が偏っていることがわかります。逆に閲覧数が長期間ほぼゼロに近いFAQも計測できます。

> FAQごとの閲覧率（偏り率）= 該当FAQの閲覧数 ÷ 全FAQの閲覧数合計

閲覧率は、FAQごとの閲覧数が全FAQの閲覧数合計に占める割合です。もちろん閲覧率が大きいFAQほど、必要とするユーザーが多いことを示します。

なおFAQごとに閲覧率の大きい順から閲覧率を累積し、その合計が80（％）ぐらいに達したときの該当FAQパターン数について、全FAQパターン数に対する割合を見てみます。これが20％程度であり残りは80％程度というのが、2：8の法則とコールセンター業界では言われているものです。わかりやすく言うと、FAQサイトに掲載されている全FAQに対して、多くの人に見られているのは全体の2割程度ということです。

2：8の法則はマーケティング用語でのパレートの法則と似ており、この法則やその効果的な使い方については本書で何度か述べます。

回答到達率

回答到達率は、FAQサイトへのPVに対してユーザーが実際にFAQを閲覧している率を表します。

FAQ閲覧総数は、ユーザーがQをクリックしそのAを開いた数を利用し

ます。このKPIは大きいほど良いです。回答到達率はFAQごとの検索性、カテゴライズの質の良さ、Qの文の品質などさまざまな要素に依存します。このKPIを良くするための取り組みは、FAQ運営がメインに行う作業の一つです。

FAQサイトトップページからの回答到達率は以下のように計算できます。

回答到達率＝FAQ閲覧総数÷FAQサイトトップページのPV

企業のWebサイトやFAQサイトトップページを経由せずに、Google検索などのWeb検索結果からFAQページやFAQそのものに直接アクセスするユーザーをオーガニックユーザーと呼びます。FAQを閲覧するユーザーの割合としては、オーガニックユーザーの率が多いことがわかっています。したがってオーガニックでの回答到達率も示します。

オーガニックユーザーを考慮した回答到達率は以下のように計算できます。

回答到達率＝FAQ閲覧総数÷FAQサイト配下（トップページ含む）のページPV合計

問題(回答)解決率の目安と精緻（せいち）な値

FAQサイトでユーザーが実際に問題解決できているかの目安をKPIとして表します。まさにFAQ運営が目指すユーザーの問題解決率です。

この問題解決率の目安とは、FAQを閲覧したときAの下段に提示されている、「役に立った」「役に立たなかった」といったアンケートボタンのクリック結果を使います。アンケートボタンのクリック総数に対してポジティブ（役に立った）なクリック数の割合です。このアンケートに回答するユーザー自体たいへん少ないのですが、FAQでの問題解決率としては目安になります。

この場合の問題解決率はFAQ全体で概算するとともに、FAQごとにも算出します。

問題解決率＝アンケートでポジティブな回答をした数÷アンケート回答総数

目安ではなく正確なFAQサイトでのユーザーの問題解決率を取得するには、コールセンターのコンタクトリーズン分析と共同で取得します。FAQ

サイトにある各FAQに対して、有人チャネルでコンタクトリーズンの問い合わせ数をFAQと照らし合わせてカウントします。有人チャネルでカウントした数値が減っていれば、FAQサイトでの問題解決率というKPIは上がっていると判断できます。

　たとえば週単位での問題解決率の推移を計測する場合は次の式を使います。

　FAQごとの問題解決推移＝今週のFAQ（同じコンタクトリーズン）の問い合わせ数÷先週のFAQ（同じコンタクトリーズン）の問い合わせ数

　上記の推移の計算は全FAQに対して行うよりも、閲覧率上位のFAQを対象に行うほうがFAQ運営の運営効果を測ることができます。

　なお、コールセンターとの比較については、FAQサイト自体の導線やSEOも大きく影響します。FAQでの問題解決を高めたい場合はやはりインターネット上のサービスとしてのFAQへの導線を強化しておく必要があります。

検索キーワードとそれらの入力数

　FAQサイトの機能の一つであるワード検索の状況について計測し、運営に役立てます。その一つはワードごとの検索された回数です。この数値はほかの分析値やKPIを計算するうえで必要となる値です。ユーザー自らFAQを探すためにワード検索に入力した単語や文（以下、ワード）を集めて、それぞれワードごとの入力回数をカウントします。

　ワード検索数＝一定期間でのワード（テキスト）ごとのワード検索入力数合計

　この数値が多いワードほどより多くのユーザーにとって親和性があることになります。親和性のあるワードはFAQのQやAの作文に見える形で取り入れることで、書かれた文に対してユーザーの理解度は高くなります。また同じ意味のワードや意味が近いワードも数値がある程度高いものは、同義語やメタタグといった検索補助テキストに取り入れると検索効果が高くなると判断できます。

　さらにワード検索への入力の合計数も計測します。この数値は高いほどワード検索機能がユーザーに使われていることを示しますが、数値が高ければ良いというものでもありません。ワード検索がいくら多くても、きちんとFAQに到達できて閲覧されている数が少なければFAQサイトの成果と

しては上がっていないと見るからです。そこでワード入力数の合計に対して、FAQサイトの閲覧合計数を見てみます。これは、ワード検索に対する効果を測るワード検索閲覧率というKPIとなります。

> ワード検索閲覧率＝一定期間でのFAQ閲覧数合計÷同期間でのワード検索数合計

このKPIは、ワード検索によって効率的にFAQが検索されているかどうかを示します。したがってKPIの値は高くなるほど良いと言えます。KPIを向上させるには、「効率的にFAQが検索」されているかということが重要です。ユーザーがワード検索をした結果でFAQが閲覧（Qをクリック）されるためには、FAQをある程度抽出（絞られた状態）して検索結果のQリストに提示する必要があります。提示されたFAQが多すぎたり、検索結果にFAQがなさそう（実際はあるかもしれないのに）に見えたりすると、QがクリックされないばかりかFAQサイトからのユーザーの離脱を招きます。

そうならないためにも、上記したように検索数が多いワードはFAQのQの作文に見える形で使用する、さらにFAQが高い確度で抽出されるようにFAQの文の質を高めるなどの方策を検討できます。

ゼロ件ヒットワードと入力数

ゼロ件ヒットワードとはユーザーがワード検索で入力したワードのうち、FAQが一件もヒットしなかったワードのことです。ゼロ件ヒットワードごとに入力された回数をカウントします。

> ゼロ件ヒット回数＝一定期間でのゼロ件ヒットワード（テキスト）ごとの検索入力数合計

FAQ運営としては、ゼロ件ヒットワードとなるワードのパターンは少ないほど良いと言えます。しかしゼロ件ヒットワードはユーザーが自由に入力するワードが対象ですので、永遠になくなることはありません。ゼロ件ヒットワード自体を減らし続ける運用を目指すのではなく、上記したゼロ件ヒット回数をKPIとして注目します。ワードごとのKPIは小さいほど良いと言えます。FAQ運営では優先順位を意識したメンテナンスが大切で、ゼロ件ヒット回数のうち特に大きいものをピックアップします。ピックアップされたワードをFAQのQの作文または検索補助テキストに使うことで、その後そのワードはゼロ件ヒットワードではなくなります。つまりKPIは

ゼロになります。

　ゼロ件ヒットワードを集計すると、ユーザーのリテラシも分析できます。ただしこちらはFAQに検索ヒットしなかったワードですので、上記のようにFAQに検索ヒットするように対応しなければなりません。このメンテナンスについて詳細は第4章で述べます。

カテゴリごとのクリック数

　FAQサイトでFAQがカテゴリに分けられている場合、カテゴリごとのクリック数もKPIとなります。クリック数なのでPV同様、容易に採取できます。

　　カテゴリごとのクリック数＝一定期間でのカテゴリごとのクリック数合計

　このKPIは大きいほど良く、より多くのユーザーに活用されているカテゴリが判別できます。つまりそのカテゴリまたはカテゴリに含まれるFAQほど、ユーザーの注目が高いと判断できます。

　逆にこのKPIが小さいカテゴリはユーザーにとってニーズが少ないか、何らかの問題があってユーザーにクリックされていないと判断できます。

　このKPIは、FAQの閲覧数や回答到達数同様にさまざまな要素が関係しています。すなわちカテゴライズ（分類方法）、カテゴリの数、階層の深さ、そしてカテゴリ名そのものなどに依存しているのです。したがってKPIを高めるためのメンテナンスについてはさまざまな面で検討を要します。詳しくは第4章で述べます。

　なおFAQサイトにおいて、ユーザーがFAQをすばやく探す方法はワード検索かカテゴリでの絞り込みですが、カテゴリのクリック数というKPIは、そもそもカテゴリでFAQを絞り込むユーザーが多いかどうかの傾向も測れます。ワード検索とカテゴリの利用状況を比較して利用数に大きな偏りがある場合には、FAQサイトにはどちらか一つだけにして、FAQ運営をそれに集中させる判断をする場合もあります。

KPIの目標値

　KPIに対してKGI（*Key Goal Indication*）という用語があります。KPIはFAQ運営の目標に対する折々の現在値ですが、KGIは長期的な目標値です。FAQ

運営はシンプルに表すと、日々のKPIの値をKGIの値に近付けるための取り組みです。KPIごとに、KGIを達成できたものとできないものを比較することでも細やかな改善ができます。

KGIも感覚的に決めず、現状のKPIに対してその伸び率などを計測しながら実現可能な値を定めます。たとえば1ヵ月でKPIが4%良くなったら、続く5ヵ月後にはスタート時に比べて15%まで伸びる（伸びは鈍化します）ことをKGIとするなどです。

KGIは、短期的なものと長期的なものを準備するとよいでしょう。長期的なKGIまでにいくつかのマイルストーンとなる短期的なKGIを設けておくことで到達するまで長い道のりの途中で振り返りやモチベーションの再起動ができます。

KGIは必要において微修正してもよいと思いますが、あまり頻繁に修正すると意味がなくなります。

KPIを取得する方法

さて、KPIはどのように取得するのでしょうか。実はほとんどはシステムによって自動算出できます。たとえばFAQ検索システム（チャットボット含む）を導入しておけば、必要なKPIはリアルタイムで自動計算されいつでも見ることができます。そういったシステムを導入しない場合でもWebサイト構築や設定に詳しければ簡単な分析ツールは自作できます。さらにFAQサイトからログを取得できれば、ログから数値を抽出し手元の表計算ソフト（Excelなど）で計算することもできます。

Webサイトでのユーザーアクセスに関するさまざまな数値を取得するには、Googleアナリティクスを活用する企業が多いです。Googleアナリティクスにはもともといろいろな分析値を見るダッシュボードという画面が付いています。またGoogleアナリティクスから取れるデータはCSVファイルとしてダウンロードできるので、それらを使ってExcelなどでさまざまな計算や分析をすることもできます。なおGoogleアナリティクスは有名な解析ツールで参考文献も多数ありますので、本書での詳しい説明は割愛します。

このようにKPI自体取得するのは容易ですが、重要なことは準備段階で何を目標としたいか、どんなKPIを今後計測していくかを最初にしっかり

決めておくことです。そのうえで取得できる環境、すなわちシステムやFAQコンテンツを準備します。そういった準備をすることによって、FAQ運営で最も大切な分析はほぼ自動で行えるようになるのです。

　なお、FAQ検索システムについては後段で述べます。

2-4
FAQリリースのスケジュールを決める

　これからFAQサイトを初めて構築する場合でも、すでにあるFAQサイトを再構築する場合でも、新調されたFAQサイトをユーザーに公開（リリース）するまでのスケジュールを決めます。

　スケジューリングのために、FAQサイトの物理的な準備だけではなくFAQサイトリリース後のタスクなどについても知っておく必要があります。なおスケジュールどおりにタスクを遂行するのは、FAQ運営をよく知ったプロジェクトマネージャーが適任です。むろんFAQ運営責任者が担うのが最も合理的です。

FAQ運営のフェーズ

　このあとの理解しやすさのために、FAQ運営を2つのフェーズに分けておきます。このフェーズの呼び方は次章以降でも現れます。

- 構築フェーズ
  FAQサイトのリリース前。FAQをユーザーに利用してもらうまで。FAQの元となるデータを集め、実際にFAQを制作する。制作したFAQをFAQサイトに投入し、ユーザーが使える状態にする。期間とスケジュールを決め計画的に行う。第3章で構築フェーズについて述べる

- 推進フェーズ
  FAQサイトリリース後。FAQをユーザーが利用しはじめてから。実際にユーザーが問題解決のために利用しはじめるので、FAQ運営者はFAQの利用分析やメンテナンスを通じてKPIをKGIに近付ける活動をする。第4章で推進フェーズについて述べる

　構築フェーズと推進フェーズでは業務内容がまったく異なりますが、構築フェーズでの成果物は推進フェーズの業務の効率化や目標達成に非常に

大きく関係します。とはいえ構築フェーズで「完璧」を意識しすぎると進捗が遅くなってしまいます。むしろ推進フェーズにおいて「FAQを育てる」を意識しながら構築フェーズに臨みます。そのためにFAQを育てやすいように準備するのも構築フェーズです。

　期限がありスケジュールを意識しなければいけないのは構築フェーズです。スケジューリングに関わるFAQサイトのリリース予定日は先に決めます。構築フェーズの期間としては、対象の商品やサービスやカスタマーサービスの状況にもよりますが長くても3ヵ月程度でしょう。できれば1ヵ月ぐらいがお勧めです。この期間が長くなるほどFAQに必要なコンタクトリーズン分析のデータが相対的に古くなっていくからです。

　構築フェーズで膨大なFAQを準備したりFAQサイトの設定・調整にこだわったりして長い期間取ると、推進フェーズでは当初から重厚なFAQを担うことになり工数が多くなります。構築フェーズを短期間にすることによるメリットは本書を読み進めるうちにわかっていきます。またスモールスタートという考え方について、第5章でも述べます。

　推進フェーズは、長いFAQ運営期間のほとんどを占め、定常業務でのタスクの繰り返しとなります。構築フェーズとは違って期限付きのスケジュールというものはない代わりに、各タスクとサイクルの時間の間隔は短くなります。それは構築フェーズの目的が推進フェーズに進むことであるのに対して、推進フェーズの目的はKPIを良くしていくことだからです。

ブロッキングイシューとクリティカルパスを意識する

　ブロッキングイシューとは、あるタスクが完了できないと次のタスクが進められない状態です。いわゆる「待ち状態」で、さまざまなプロジェクトで起こり得ます。複数の関係者で組織的に業務を進める場合においては誰しもが経験することかと思います。

　クリティカルパスとは、一般的にはスケジュール上で最も時間がかかるタスクです。実際としては時に計画どおりに業務を進めたい一方で最初に決めた期間を遅らせてしまう可能性もあります。しばしば「やってみなければどうなるかわからない」などと言われることもあるタスクです。しかしスケジュール上でクリティカルパスの存在がわかっていれば、それを見越して予備期間を設ける、できるだけ期間が長引かないように準備をしておく

などの措置をとっておけます。

　上記2つの影響を最小限にするためにも、前もってブロッキングイシューやクリティカルパスとなる可能性のあるタスクを予測しておきます。そのことでスケジュールや業務に影響を与えず回避する方法が事前に見い出せます。プロジェクトマネジメントの指南書は世の中にたくさんあるので、そちらもぜひ参考にしてください。

　構築フェーズ、推進フェーズにおいてブロッキングイシューやクリティカルパスになり得るタスクを列記しておきます。

ブロッキングイシューの例

　構築フェーズにおいては、すべてのタスクがほかのタスクのブロッキングイシューになる可能性があります。たとえばコンタクトリーズン分析ができておらずFAQの元データがなければFAQは作れません。FAQがなければカテゴライズもできないし検索のための補助テキストも作れません。またある程度FAQがそろわないとFAQ検索システムの検討ができないでしょう。そして構築フェーズそのものが推進フェーズのブロッキングイシューです。

　推進フェーズにおいては、主に分析とメンテナンスを繰り返すことになるのでそれらが進められている限りにおいてブロッキングイシューはありません。もし実現場であるとすれば、タスクや成果物に対する上司やマネージャーの「承認」がブロッキングイシューとなり得ます。この承認待ちは、構築フェーズ・推進フェーズどちらでも起こります。そのため、承認する人の忙しさなどを考慮して、承認対象をわかりやすくしておく、承認のポイントを端的にしておく、社内ネットやシステムを利用してスムーズなコミュニケーションとなるようにしておくなどは、FAQ運営責任者が留意します。

クリティカルパスの例

　構築フェーズにおけるコンタクトリーズン分析、FAQ制作、カテゴライズ、FAQシステム選定はクリティカルパスです。

　推進フェーズはすでにFAQサイトは稼働しているのであまりクリティカルパスというものはないですが、新しい商品やサービスのリリースなどでまとまった数のFAQ制作をしなければいけない場合などクリティカルパス

が発生します。

　運営を行き当たりばったりで進めると、どんなタスクでもクリティカルパスになり得ます。また一つ一つのタスクで完璧にこだわっていると、それもクリティカルパスになってしまいます。FAQは永遠に伸びしろのあるもの(永遠に完璧にならない)だと割り切ってタスクを進めることがクリティカルパスを生まない秘訣です。

スケジューリング

　構築フェーズ、推進フェーズそれぞれでどのようなタスクがあるかをここに列記しておきます。どういったタスクがあり、それぞれどういった性質のものかを知り準備に役立てることを目的とします。各タスクの具体的な内容は第3章、第4章で述べます。

構築フェーズ

　FAQサイトのリリース前である構築フェーズでのタスクを実施する順で列記します。

- ・VOCログのコンタクトリーズン分析
- ・コンタクトリーズン分析からFAQの元データの集積
- ・FAQ(質問文と回答文)の制作
- ・FAQ検索補助テキスト(同義語・メタタグなど)の制作
- ・FAQカテゴライズ
- ・FAQサイトの設置
- ・FAQ検索システムの検討と設置
- ・FAQのFAQサイト(またはFAQ検索システム)への投入
- ・レビューと試験
- ・ガイドライン準備
- ・FAQサイトのリリース

　各タスクはほかのタスクのブロッキングイシューとなるものが多いですが、工夫すれば並行して進められるものもあります。たとえばFAQの制作やカテゴライズに関わる作業と、FAQサイトやFAQ検索システムに関わる準備作業は並行して進められます。FAQ検索システムは必須ではありませ

んが、FAQが多くなる場合は導入したほうが構築フェーズの期間は短縮されます。

推進フェーズ

FAQサイトリリース後である推進フェーズの主なタスクを列記します。

・FAQの利用分析と判断
・FAQの編集、FAQ周辺データの編集
・FAQの追加、削除
・KPIの確認
・FAQサイト、FAQ検索システム設定のチューニング

推進フェーズにおいては、「FAQの利用分析と判断」から「KPI確認」までの4つのタスクはFAQ運営が続く限り短いサイクルで繰り返し行われます。マネジメントしだいで複数タスクを同時並行にできる場合もあります。5つ目の「FAQサイト、FAQ検索システム設定のチューニング」は、サイクルに入れず必要に応じて実施します。

2-5

ガイドラインを準備する

FAQ運営を進めるにあたり、運営関係者が共通で認識しておくルールをわかりやすくまとめたガイドラインを作成します。ガイドラインによってFAQ運営に関連する人たちの間で目的やそれを達成するための業務を共通の認識にすることができ、属人化も防げます。

ガイドラインの目的は、ノウハウを関係者全員で共有し原則誰でも同じことができるようにすることにあります。ちなみにFAQや社内ナレッジの目的の一つは、特定の人だけ持っている（属人化している）知識をできるだけ多くの人で共有することです。

推進フェーズにおいては、問題解決率などのKPIを向上させる作業はFAQサイトが存在する限りずっと続きます。それはFAQの書き方をガイドラインで制定することと深く関係します。作業自体は短いサイクルで回すものですが、運営としては長期間にわたって複数人が携わることになります。

FAQ運営の指針をFAQ運営者だけで判断するのではなく、カスタマーサポート全体・営業・マーケティング部門・経営層まで巻き込んで判断する場合もあります。そのためガイドラインには目的のためのベストな運営方法、特にFAQの分析やメンテナンスといったKPIを向上させるために欠かせない業務のルールやそれらの効果についてまとめておきます。

ガイドラインがあることで、FAQ運営者が何人いても、また時間が経過したり運営者が異動などで替わったりしても、ぶれのない業務の進め方ができます。

FAQ運営の準備段階で、ガイドラインの記載内容の大枠だけでも検討しておきます。ガイドラインの大枠は次のような内容です。

・FAQ運営者と各役割
・FAQ運営の目的
・FAQの質問文や回答文の書き方のルール
・FAQのカテゴライズのルール
・FAQの分析・メンテナンス分析で見るKPIとメンテナンスの判断を行うルール
・ガイドラインそのものの遂行と管理ガイドラインの世代管理、更新のルール

また、ガイドラインとは別冊で、用語・同義語リスト（FAQの質問文と回答文で利用する用語とその同義語集）を準備します。ガイドラインの具体的な制作やサンプルは第3章で述べます。

2-6

FAQサイトとその環境を決定する

FAQは多くのユーザーが問題を解決できるようにネット上のFAQサイトに公開されます。企業の商品やサービスを利用するユーザー用のFAQは一般公開向けFAQと呼ばれ、インターネット上に公開します。またコールセンターや企業内ヘルプデスクで使われるFAQは内部向けFAQあるいはナレッジと呼ばれ、社内ネットワーク上に公開されます。内部向けの場合でも一般の人がアクセスできないようにアカウントを限定したうえでインターネット上に設置している場合も多いです。

いずれにしてもFAQを掲載し公開しているネット上のサイトを本書では

FAQサイトと呼び、一般公開向けであっても内部向けであっても一般的なブラウザでアクセスし利用できることを前提とします。

ここからは、FAQサイトとその環境について準備段階で決定しておくことを述べます。

FAQ検索システムを導入するかの検討

FAQサイトのページを自社で制作するかFAQシステムやチャットボット（以下、FAQ検索システム）を導入するかどうかは、構築フェーズまでには決定しておきます。

通常FAQサイトは、企業のWebサイトやポータルサイトの配下のページとして企業独自に制作します。その場合は一般のWebページを作るのと同様、自由自在にデザインし制作できます。

FAQサイトを独自に制作しない場合は、FAQ検索システムと連動したUI（*User Interface*）の付いたページをFAQサイトとして準備し、企業のサイトからリンクしたり、企業サイト配下のページに埋め込んだりして使用します。

ここから自社のFAQサイトにFAQ検索システムの導入を検討するポイントをまとめます。

FAQの数で検討する

FAQサイトに掲載したいFAQ数が多くなりそうな場合は、FAQ検索システムを導入する動機となります。FAQ数が多いとユーザーは自分に必要なFAQにたどり着くのに手間がかかったり、最悪の場合はFAQを見つけ出せなかったりする可能性があります。

FAQ検索システムを投入すれば、ユーザーがFAQを検索するのに便利な機能がもれなく付いています。検索ができることでFAQの数が多くてもユーザーが自分の求めるFAQにたどり着きやすくなるのです。

FAQ検索システムの導入を判断するためのFAQ数に基準は特にありません。FAQ運営開始当初はそれほどFAQの数が少なくても、時が経つにつれ増やしていく予定の場合や、商品やサービスが多くまた新しくなる頻度が多いような場合などはFAQ検索システムの導入を検討してもよいと思います。

FAQ検索システムの機能で導入を検討する

　FAQ検索システムには、ユーザーやFAQ運営者を助けるたくさんの機能が付いています。またそれらの機能が企業の運営上の価値と利益をもたらすと見込める場合は、FAQ検索システム導入の検討ができます。

　FAQ検索システムの機能の詳細については後段で述べますが、大項目として以下のような機能が備わっています。

- **ユーザーへ利便性をもたらす機能**
  - キーワードや文章を入力すると、適切なFAQを検索し抽出してくれる機能
  - カテゴリごとに入用なFAQを絞り込んでくれる機能
  - チャットのように対話をしながら適切なFAQに導いてくれる機能
- **FAQ運営者・カスタマーサポートへ利便性をもたらす機能**
  - ユーザーの利用状況を細かく分析し報告してくれる機能
  - FAQのメンテナンスや追加作成を助けてくれる機能
  - FAQ自体の世代管理や更新管理をしてくれる機能

　これらの機能があることで、FAQ運営の成果を出したり、FAQ運営の工数を軽減したりするためにたいへん役に立ちます。企業によっては、FAQ検索システムを導入しない場合に比べて大きな利益につながる可能性もあります。

　上記以外でも、FAQ検索システムのベンダーによってはさまざまな機能を提案してきます。そういった場合、機能の新規性や見た目だけで判断せず、実際にその機能を用いることでFAQ運営のKPIや目標値（数値）に寄与できるかどうかを確かめたうえで導入の検討をします。

予算で導入を検討する

　FAQ検索システムはほとんどの場合SaaSでの提供です。導入する場合はベンダーとの利用契約を結びます。利用契約を結ぶと、これまでのカスタマーサポートやFAQ運営コストに上乗せして固定的なコストが毎月発生することになります。SaaSでのFAQ検索システムの多くは毎月見える料金が発生しますが、利用自体は基本的にいつでも好きなときに止めてベンダーとの契約を終了できます。

　FAQ検索システム導入を予算で検討する考え方はシンプルです。FAQ検索システムの使用料金を支払っても、システムを導入しなかった場合に比べて企業に利益が残れば導入の動機になります。どのような企業でもFAQ

検索システムの導入費用対効果のシミュレーションは事前に行うと思いますが、シミュレーションの結果、導入費用対効果ありと判断できれば導入を検討できます。

　簡単な導入費用対効果のシミュレーションの方法を示します。FAQ検索システムを導入した場合と導入しなかった場合どちらでもかかる費用は共通費用とします。企業によって若干の違いはありますが、共通費用の内訳としては、FAQ専任者の人件費、FAQ運営責任者の人件費、電気料、場所代、ネット通信費、周辺機器・ソフトウェア使用料といった必要最小限の設備です。

　シミュレーションのための定数を以下とします。

・X：FAQ検索システムを導入した場合の月当たりの総コスト
・Y：FAQ検索システムを導入しない場合の月当たりの総コスト
・A：FAQ検索システム導入初期費
・B1：FAQ検索システムを導入した場合にFAQ運営で必要な月当たりのコスト（共通費用＋FAQ検索システム月額利用料金）
・B2：FAQ検索システムを導入しない場合に必要な月当たりのコスト（共通費用）
・C：FAQによる問題解決1件あたり軽減されるコスト[注1]
・D1：FAQ検索システムを導入した場合の月ごとのユーザー自己解決数
・D2：FAQ検索システムを導入しない場合の月ごとのユーザー自己解決数

　シミュレーションの計算を月単位mとした場合に以下のように計算できます。

$$X = A + ((B1 \times m) - (C \times D1 \times m))$$
$$Y = (B2 \times m) - (C \times D2 \times m)$$

　FAQ運営初期は、当然XがYを上回ります。FAQ検索システムを導入したFAQ運営の最初の目標は、運営開始後一定期間を経てD1がD2を上回ることです。次にD1によってAおよびB1の累積を相殺するのが次の目標です。最終的にはD1によってAおよびB1、共通費用の累積も相殺できれば、完全に導入費用対効果が出たと言えます（**図2-2**）。

注1　コールセンターオペレーター人件費＋電話料、電気料、場所料、ネット通信料、周辺ソフト使用料といった必要最小限の設備費。なおこの値は企業ごとのCPCでも代用できます。

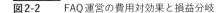

図2-2　FAQ運営の費用対効果と損益分岐

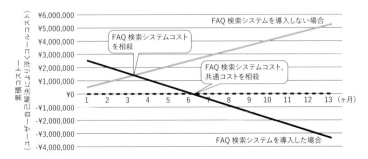

　シミュレーションをすると、FAQ運営は何に注力すればよいかがよくわかります。上記の計算式で言うとD1、つまりユーザーの問題解決数というKPIを上げることに注力すればよいことになります。

FAQ検索システムについての基本知識

　FAQ検索システムを導入する方針となったのなら、ベンダーと会う前にシステムに関する知識を付けておきます。FAQ検索システムを導入しない場合でも今後検討をする参考にしてください。

FAQ検索システムの提供環境とプラットフォーム

　FAQ検索システムの操作画面であるUIは、インターネットを通じてベンダーから提供されるのが一般的です。企業のWebサイトの立場で考えると、提供の形式は次の2パターンです。

❶ベンダーが提供するURLにWebサイトからリンクを貼る
❷ベンダーが提供するHTMLコード（タグ）を専用のページに埋め込む

　上記のいずれにしても、導入企業側はわずかな作業で自社Webサイトの配下にFAQサイトを設けられます。FAQ検索システム設置後は企業がFAQ（コンテンツ）を投入しさえすれば、FAQサイトをリリース（ユーザーに公開提供）できる準備が整います。リリースされれば、ユーザーはFAQ検索システムが提供するUIでFAQを検索し、閲覧できるようになります。

　ほとんどの場合、FAQを検索したり閲覧したりするUIは、ユーザーや企業のFAQ運営者が一般的なブラウザで利用できるようになっています。ユ

ーザーもFAQ運営者も、手元のPCやスマホに特別なソフトウェア(アプリ
ケーション)をインストールする必要はありません。

　一方FAQ検索システム自体が動作しているメインサーバは、ベンダーが
管理するクラウド(インターネット)配下の設備内に物理的に設置されてい
ることがほとんどです。

　FAQ検索システムのメインサーバと企業側のFAQサイトとは、インター
ネットを介して通信しています。ユーザーやFAQ運営者はブラウザ上に映
し出されるUIを使って操作を行います。UI操作による入力などはインタ
ーネットを介してFAQ検索システムのメインサーバに送信され、メインサ
ーバはそれに反応します。つまりユーザーやFAQ運営者のUI上の操作デー
タをメインサーバが処理し、その結果再びUI上に動きを与えたり表示を変
えたりしています(**図2-3**)。

図2-3　　FAQ検索システムサービスの提供

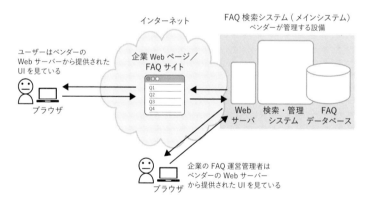

FAQ検索システムのセキュリティ

　FAQ検索システムのメインサーバはベンダーに管理されています。ユーザ
ーやFAQ運営者が操作するFAQサイト上のUIもインターネット経由でメイ
ンサーバから提供されています。では、FAQ検索システムのメインサーバと
FAQサイトの間のセキュリティについてはどうなっているのでしょうか。

　クラウドにあるFAQ検索システムとFAQサイトの間では、HTTPというプ
ロトコルに認証キーで強化された暗号方式SSL(*Secure Sockets Layer*)であらゆ
るデータのやりとりをしています(**図2-4**)。この暗号化された通信方式は現

在すべてのインターネットサービスで原則的に必須となっていて、その方式でないと一般のブラウザでは使えなかったり、「危険なサイト」という警告が表示されたりします。したがってSSLで暗号化した通信方式でサービスを提供していないベンダーのFAQ検索システムは企業には採用されません。

図2-4　FAQ検索システムのセキュリティ

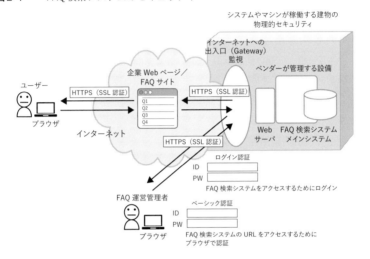

FAQ検索システムの管理者用(企業用)の画面もブラウザで使用できますが、通常は管理者ごとに個別に与えられたアカウント(IDとパスワード)を使ってログインしなければ使えないしくみになっています。

企業がFAQ検索システムをヘルプデスクやコールセンターといった企業の内部向けに利用する場合でも、インターネットを通じて提供されたFAQ検索システムを使う場合があります。インターネットでの提供ということは、そのサイトのURLがわかっていれば、外部の人でもアクセスできてしまいます。

そういった場合、Webサイト(URL)自体に対して、アクセス時にIDとパスワードを問われる「ベーシック認証」を施すこともできます。FAQ検索システムのUI自体IDとパスワードがなければログインできないのでベーシック認証は必須ではないのですが、それを施しておくことでセキュリティを強化することはできます。

FAQ検索システムが動作しているベンダーのメインサーバは、ユーザーや企業から見たらクラウドにあります。したがってFAQ検索システムはソ

フトウェア的にもハードウェア的にも、さらにそれらが設置されている建物そのものにもISMS[注2]などの公的な厳しい基準に準拠した形で管理されています。企業側はFAQ検索システムの導入検討の際に、これらの基準に準拠しているか必要に応じてセキュリティチェックします。

　セキュリティチェックの内容やレベルは導入企業ごとに異なります。またセキュリティチェック自体がFAQ検索システム導入時のブロッキングイシューになることもあります。将来的にはこれらも多くの企業間で標準化され、導入がスムーズになっていくでしょう。

FAQ検索システムの動作速度・許容量

　SaaSでFAQ検索システムを利用する場合は、念のため動作速度を確認しておきます。「念のため」というのは、昨今は、通常利用では速度が気にならない環境でFAQ検索システムが提供されているからです。またインターネットのインフラ自体が非常に高速化（機器の高性能化、ネットプロバイダの通信方式の進化）に加え、ユーザー側のPCやスマートフォンも高性能化しています。これにより、FAQの検索や表示速度が遅いといったことはほとんど聞かれなくなりました。

　それでもFAQ検索システムを検討する際は、実際に試用してシステム反応速度で気になることはないか確認します。ユーザーにしてもFAQ運営者にしても、FAQ検索システムを操作する際にしばしば反応が遅いようだと、運営上あとあと支障をきたします。試用で速度をチェックするポイントは次のとおりです。

・ユーザーがFAQ検索した際の結果が出るまでの速度
・ユーザーがFAQを閲覧、QをクリックしてAを開くときの速度
・FAQ運営者がFAQを編集しアップロードするときの速度
・FAQ運営者が特定の分析値を見るときの速度

　これはFAQ検索システムに限りませんが、インターネットでの反応（レスポンス）速度は個人が使っているネット通信環境や、PCにも影響されます。したがってベンダーが推奨する環境で試用します。

注2　WebサービスにおけるITシステムについて、セキュリティ上のリスクに対して技術的に対策を備えたしくみと、それを支える組織の体制・管理のしくみのことです。JIS Q 27001:2014でISMSの必要用件を網羅的に規定しています。

さらに、FAQ検索システムの許容量についてチェックするものは次のとおりです。

- 掲載できるFAQの数、容量
- FAQの同義語の数
- FAQコンテンツに付随させたいデータの容量（画像や動画など）
- FAQの利用状況ログの量、保存期間
- FAQの利用状況を分析したデータ量、保存期間
- 利用アカウント（ログインID／パスワード）数（内部用に利用する場合）

基本的には、どのベンダーも長年FAQ検索システムを利用するのに十分な許容量を提供してくれますが、検討の際にFAQ検索システムを複数比較しておきます。また上記の許容量についてFAQ検索システムによって段階的な制限がある場合もあり、制限数によって利用料金が違うケースもあります。

2-7
FAQ検索システムの機能を知っておく

FAQ検索システムの周辺環境について基本的な知識が身に付いたら、次にベンダーごとの検討になります。FAQ検索システムをSaaSで提供しているベンダーはたくさんあります。すべてのベンダーに会うのは現実的ではないので、先に基本的なFAQ検索システムについて知識を持っておき、ある程度欲しい機能や仕様を絞っておきます。そのことで打ち合わせしたり試用したりするFAQ検索システムの候補を絞っておけます。また実際にベンダーと会った際にお互いに近しい知識レベルで的を絞った議論ができます。

FAQ検索システムのユーザー向けの機能

FAQ検索システムにはユーザー（FAQを探し問題を解決する立場の人）向け機能と、企業のFAQ運営者向けの機能があります。まずはユーザー向け機能について述べます。

FAQをテキストで検索するワード検索機能

FAQ検索システムには、テキストでFAQを検索するワード検索機能があります。FAQ検索システムのUI内にある「ワード検索」の枠に単語や文をテキスト入力し「検索」を実行すると、見つかった(検索ヒットした)FAQが即座に画面上にリスト表示されます(**図2-5**)。

図2-5 ワード検索

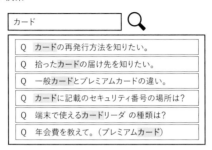

リスト表示は、ユーザーがワード検索枠に入力したテキスト(以下、検索ワード)と同じテキストを含むFAQ、あるいは関連するFAQです。ワード検索機能によって、ユーザーは見つけたいFAQに到達しやすくなります。

ワード検索の方式は複数ありますので**図2-6**に示します。

図2-6 ワード検索のいろいろな方式

ユーザーによる検索ワードの入力		検索アルゴリズム	検索対象
数量、スタイル	期待される検索の方法		
単語	入力した単語を含んだ FAQ を検索する	—	質問文と回答文
			質問文
複数単語(スペース区切り)	入力した複数の単語を含んだ FAQ を検索する	or 検索	質問文と回答文
		or 検索	質問文
		and 検索	質問文と回答文
		and 検索	質問文
自然な文	入力した文に近い FAQ を検索する。または文に含まれる単語を含む FAQ を検索する	or 検索	質問文と回答文
		or 検索	質問文
		and 検索	質問文と回答文
		and 検索	質問文

ワード検索と言っても検索のパターンはいくつもあることを知っておくことで、ベンダーと協議するときに役に立ちます。

図2-6の表の見方を説明すると、左のカラムの「ユーザーによる検索ワードの入力」に対して、「検索アルゴリズム」と「検索対象」を組み合わせてFAQ

が検索されます。

多くのFAQ検索システムでは、検索ワードに1個〜複数の単語を入力できます。自然文検索とは検索ワードとして入力されたテキスト文を品詞分解しその中から入用な品詞（たとえば、名詞）で1つの単語または複数単語で検索をするものです（**図2-7**）。

図2-7 自然文による検索

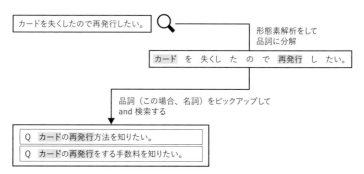

検索アルゴリズムについてはand検索とor検索のパターンがあります（**図2-8**）。

図2-8 and検索とor検索の違い

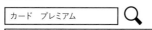
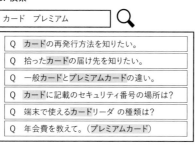

　複数の単語で検索する際に、その検索結果が異なってきます。or検索にした場合、複数の単語のうちどれか1つでも含まれればFAQをヒットしたものとして結果にリスト表示します。検索する単語を増やすほどたくさんのFAQがヒットします。and検索にした場合は複数の単語をすべて含んでいるFAQを検索ヒットします。したがって検索する単語を増やすほど見つけるFAQを絞り込んでいけます。

　検索対象には2つのパターンがあります。検索をQのみに対して行うパターンと、QとA両方に対して行うパターンです。Qのみの検索の場合は、Qを高品質にしておくことでより確度の高い検索ができます。QとA両方検索する場合は、Aの文に含まれる単語も検索されるため、検索結果は出やすい反面、ヒットするFAQが多くなりすぎる可能性があります。

　なお図2-6の表では10パターンですが、さらに次に述べる検索補助テキストを考慮すると、さらに検索パターンが増え、検索の結果が違ってきます。

FAQの同義語検索とメタタグ検索

　FAQのワード検索機能を強化するしくみが同義語検索とメタタグ検索です。同義語やメタタグのことを本書ではFAQ検索補助テキストと呼んでいます。

　FAQ検索システムによるワード検索とは、基本的にはユーザーによって入力された検索ワードに完全に一致する言葉を含むFAQを検索ヒットさせるしくみです。ただそれだけだとユーザーが入力した検索ワードとテキストが完全に一致しない限りFAQは見つからないことになります。そもそもユーザーは思いついた言葉でワード検索しますが、その言葉がFAQの文に入っていないことがあります。

　そこで、FAQの文に使われている言葉一つ一つに同義語を設定します。ユーザーが入力したワードが同義語またはその元の言葉どちらかと一致したらそれらを含むFAQが検索ヒットするしくみです。FAQ検索システムにはFAQのQとAとは別に同義語辞書をセットでき、FAQの作文に使われる基本となる単語とそれらに対する複数の同義語の組み合わせが整理されています（図2-9）。

　同義語検索が全FAQに対しての検索ヒット率を強化するのに対して、メタタグ検索は個々のFAQに対しての検索ヒット率を強化できる機能です。メタタグ検索とは、FAQ一つ一つに対してメタタグと呼ばれる「隠れた」検索対象の言葉をセットしておくことができる機能です。メタタグ自体はFAQ

図2-9 同義語による検索

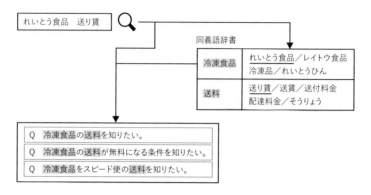

を閲覧するユーザーには見えませんが、検索の対象になります。

ユーザーがワード検索をしたら、FAQ検索システムはその検索ワードを使ってFAQの文に入っている言葉を検索すると同時にメタタグに入っている言葉も検索します。ユーザーが入力した検索ワードがFAQ文内の言葉と一致しなくても、メタタグの言葉に一致したら検索ヒットとしてそのFAQをリスト表示します。

たとえば、**図2-10**ではユーザーがワード検索した単語「4日」と「治療費」は、FAQの文には使われていません。しかしそのFAQにはメタタグとして「4日」「治療費」が登録されています。メタタグ検索が有効になっていることで、これらのFAQは検索ヒットします。

図2-10 メタタグによる検索

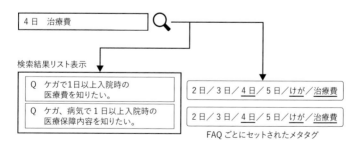

メタタグで登録する単語は、FAQの文に含まれている単語に似たものや、近い意味のものだけとは限りません。一見FAQの文に使われていない単語

でも自由に設定できます。例を1つ挙げます。

> **Q**： 入会申し込み時に持参する書類をすべて教えてください。

　このFAQで問題が解決できるユーザーは、「申し込みに印鑑がいるの？」や、「窓口に何を持っていくの？」といった問い合わせをするユーザーが多いことが分析されている場合、「窓口」「印鑑」といった単語をメタタグとして設定しておきます。メタタグとしてどんな単語が必要かは、やはり日ごろのコンタクトリーズン分析などが参考になります。

カテゴライズとカテゴリ

　FAQ検索システムはカテゴライズ機能があるものがほとんどです。この機能もユーザーがFAQにたどり着くのを助けるためにあります。ユーザーが探したい特定の「FAQのグループ」を絞り込むといった用途で使われます。FAQサイトにはカテゴリ一覧が並んでいて、ユーザーは、自分が探しているFAQが含まれていそうなカテゴリ名の付いたボタンをクリックしFAQを絞り込みます。

　カテゴライズは、ちょうどパソコン上でファイルを分類するのにフォルダでグループ分けしてそれぞれのフォルダに名前を付けておくことに似ています。特定のルールを定めて分類することをカテゴライズと言い、分類された一組一組がカテゴリです。またカテゴリごとにカテゴリ名が付けられます。

　たとえば通販会社のFAQサイトで「料金関係」というカテゴリに配送料や手数料についてのFAQがまとめられている、という設定にします。これをユーザー視点で見ると、いくつかあるカテゴリから「料金関係」を選んでクリックすると、荷物の配送料に関するFAQや、キャンセル手数料に関するもののようなFAQがいくつか入っているイメージです。

　またカテゴリの配下にカテゴリを作ることもできます。カテゴリの配下にさらにカテゴリを準備した主従関係を階層と呼びます。こちらもフォルダの構造と似ています。特定のカテゴリやFAQにたどり着くには、カテゴリの階層を正しくたどる必要があります（**図2-11**）。

　上記の例で言うと、「料金関係」だけだとFAQが多くなるような場合、さらに分類して「商品に関する料金」や「配送に関する料金」「キャンセルに関

図2-11　　階層型のカテゴリ構造

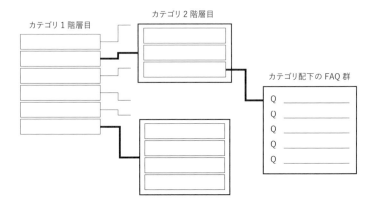

する料金」のように分類します。つまり「料金関係」というカテゴリの配下に左記の3つのカテゴリが属する形です。そしてそれら3つのカテゴリにそれぞれ属するFAQを分類して置いておきます。

　上手にカテゴライズをして良いカテゴリ名を付けておけば、ユーザーはワンタッチで一気にFAQを絞ることができ、FAQへの到達も早くなります。

　FAQ検索システムによってはマルチカテゴライズができるものもあります。マルチカテゴライズとは、1つのFAQまたは1つのカテゴリを複数のカテゴリの配下に所属させることです。FAQを分類する過程で、複数のカテゴリに所属させたい場合があります。そういった場合にこのマルチカテゴライズは役に立ちます。ユーザーからすると、マルチカテゴライズによってFAQにたどり着ける確率が高くなります。

　たとえば銀行のFAQサイトで、「ATM」と「料金関係」の2つの異なるカテゴリがある場合に、「ATMでの振込手数料っていくらなんだろう？」と考えているユーザーは、カテゴリで迷ってしまうかもしれません。そういったことを考慮して、ATMでの振込手数料に関するFAQを「ATM」「料金関係」両方のカテゴリ配下に所属させておきます。

FAQの表示と閲覧

　FAQサイトにて、質問（Q）のリストやそれぞれの回答（A）の表示のされ方についても、FAQ検索システムによっていろいろなパターンがあります。QやAの表示のされ方のパターンはユーザーの使いやすさ（ユーザビリティ）

に関係するので、システムの検討段階で知っておく必要があります。

　FAQ検索システムでは、閲覧回数が特に多いFAQがはじめからトップ画面にリスト表示されているものが一般的です。そしてユーザーがワード検索やカテゴリによる絞り込みの操作をすると、あらためてその結果がFAQリストに反映されます。検索や絞り込みの結果、リストされるFAQが多い場合は、リスト自体が複数ページに分割されます。リストにあるFAQをすべて見るためにはページを移動します。

　検索の結果表示されるFAQリストでは通常Qだけの一覧ですが、QとAのペアでリスト表示されるものもあります。Qの文字数が多い場合改行されるものもありますが、Qの文が途中で「……」で途切れて、すべて見るために操作を促すものもあります。

　Qリストでは、Qの1つをクリック（またはタップ、以下同）することで、Aの文全体が読めるようになります。AはQの真下に展開されて表示されるもの、ブラウザの別のページ（タブ）にページ展開されるものがあります。別ページに展開されるものは、スマートフォンで見たら画面全体が遷移するように見えます。またQをクリックしなくても画面上にQとAがはじめから並んでリスト表示されるものもあります（**図2-12**）。

　このようにFAQサイトでのQのリストとAの表示については、FAQ検索システムによっていろいろなパターンがあることを知っておきます。そのうえで、ユーザーにとっての視認性やFAQへの速やかな到達にどれが最良かという観点で検討します。参考までに、多くのユーザーは困りごとやわからないことの解決に至るまでの操作ができるだけ少ないことを好みます。

FAQの書式や装飾

　FAQは制作したままだと単なるテキスト文ですが、ほとんどのFAQ検索システムはこのQとAの見た目を工夫できます。FAQサイトはブラウザで閲覧するものであり、そこに掲載されるFAQは基本的には文字（テキスト）コンテンツです。さらにその文字コンテンツに対して装飾する、図（イメージ）を挿入するなど一般のWebサイトでできるような加工はおおよそ可能です。

　そのためFAQにはQにもAにもHTMLタグが使えるものが多いです。中にはAの中にJavaScriptが使え高度な表示ができるものもあります。Aの記載文字（フォント）はサイズを変えたり装飾を付けたりすることは容易です。

図2-12 いろいろなAの表示のされ方

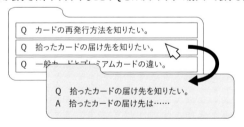

Qだけが表示され、クリックすることでAが展開する

Q	カードの再発行方法を知りたい。
Q	拾ったカードの届け先を知りたい。
A	拾ったカードの届け先は……

| Q | 一般カードとプレミアムカードの違い。 |

QとAがはじめから表示されている。AをクリックするとQとAがブラウザの別タブで表示される

Q　カードの再発行方法を知りたい。

A　カードの再発行方法は……

Q　拾ったカードの届け先を知りたい。

A　拾ったカードの届け先は……

Q　一般カードとプレミアムカードの違い。

A　一般カードとプレミアムカードの違いは……

Q　一般カードとプレミアムカードの違い。
A　一般カードとプレミアムカードの違いは……

Qが表示され、クリックすることでQとAがブラウザの別タブで表示される

Q	カードの再発行方法を知りたい。
Q	拾ったカードの届け先を知りたい。
Q	一般カードとプレミアムカードの違い。

Q　拾ったカードの届け先を知りたい。
A　拾ったカードの届け先は……

表や図を挿入したりインターネット上のWebページへのリンクを付けたり、ほかのFAQにリンクしたりすることも容易です。

　FAQに装飾や上記のような「しかけ」を施せることでユーザーの理解や問題解決を助ける場合もあります。また仕様についてもベンダーで各社各様ですので準備段階で調査をしておきます。

FAQ運営者向けの機能

FAQ運営者が日常使う機能や操作性について述べます。

FAQの編集・管理

FAQ運営の推進フェーズにおいて日常的な業務は、FAQの利用分析とメンテナンス(ここでは編集という)です。FAQ検索システムでのFAQ編集に関わる機能を整理します。

FAQの編集方法には大きく2パターンがあります。両方できるほうが望ましいです。

ⓐブラウザ上で編集用UIを使ってFAQを編集

ほとんどのFAQ検索システムで、ブラウザ上で細かいFAQの編集ができる。中にはWebページを制作できるレベルのものもある。ブラウザで一度に編集ができる単位はFAQ一つ一つ。つまりFAQを一つ編集(または追加)して保存していく作業パターン

ⓑPCの表計算ソフト(Excelなど、以下同じ)でFAQを編集

使い慣れたExcelでFAQの編集ができる。複数のFAQを一気に編集したりまとまった数のFAQを追加したり削除したりすることもできる。Excelのいろいろな機能を利用できるので、編集作業も効率良く行える。編集後はファイル単位でインターネットのFAQ検索システムにアップロードする

ⓐⓑどちらで編集するにしても、FAQ一式はFAQ検索システム内だけではなく、FAQ運営者側でも必ずファイルの形で管理・保管しておきます。FAQはたいていのFAQ検索システムから一括で一式ダウンロードもできます。ダウンロードしたものは多くの場合CSVなどのファイル形式になっているので、Excelなどで編集ができ、またFAQ検索システムにアップロードができます。もちろんそのファイル形式のままFAQ一式の管理と保管が手元のPCまたは会社のファイルサーバでできるということです。

FAQの検索補助テキストデータの編集・管理

ここでのFAQ検索補助テキストとは、前述した同義語辞書やメタタグを指します。FAQ同様これらのデータについても日常的にメンテナンスを行います。FAQのメンテナンス同様操作しやすいほうがよいでしょう。こちらも編集には大きく2パターンがあります。両方できるほうが望ましいです。

❶ブラウザ上で編集用UIを使って同義語やメタタグを編集

❷PCのExcelで同義語やメタタグを編集

❶❷ともにFAQ自体の編集と基本的な考え方は同じです。❶はFAQの編集同様にFAQ検索システムが提供するUIを使います。❷は使い慣れたExcelやメモ帳ソフトで編集し、変更したデータ一式をブラウザ経由でインターネットのFAQ検索システムにアップロードします。

これらFAQ検索補助テキストデータもFAQ運営者のほうでも管理・保管しておく必要があります。FAQ同様Excelで編集ができるということは、FAQ検索システムから一式ダウンロードもできその形式のまま管理と保管が手元のPCやファイルサーバでできるということです。

FAQの利用状況分析

FAQ運営者は、推進フェーズにおいてユーザーのFAQ利用状況の分析を日々行います。FAQ検索システムはそのための機能を備えています。

利用状況の分析には、次の2つのパターンがあります。

❶ブラウザ上にわかりやすいGUIや表形式で表示される

❷必要な分析値をダウンロードできる

分析値はブラウザ上でいつでも閲覧できると同時にダウンロードもできます。ダウンロードされたデータは手元のExcelなどで確認しメンテナンスの判断ができます。ブラウザ上でどのような分析値が見られるのか、ダウンロードした内容はどうなっているかなど検討段階で見ておきます。

分析内容は、いろいろな側面から複数提示されることが多いです。FAQ運営者はそれらの分析の中から必要なものを取捨選択します。

多くの場合、ダウンロードできる形式はCSVやPDFです。FAQ運営者はそれをローカルのPCで見ることができます。CSVなどの場合必要に応じてExcelなどで自ら加工もできさらに独自の分析もできます。

FAQ検索システムの調整

FAQ検索システムのUI周りの機能は、導入後にそれぞれ設定を調整できるものも多いです。たとえばFAQリストの表示のしかたなどは、1つのパターンではなくいくつかのパターンの中から選べる、といったものです。

ワード検索についても、検索対象をQにするかAにするかあるいはQと

A両方にするか、and検索にするかor検索にするか、形態素解析をして自然文検索を行うかどうかなども運用中に簡単に設定変更やチューニングできるものがあります。

さらにFAQ検索システムのUIの見た目については、ベンダーとすり合わせをして企業の好みに合わせたレイアウトやデザインにできるものが多いです。企業のWebサイトのデザインに合わせて、FAQサイトUIにあるすべてのテキストのフォントや色・サイズ、各部品(ワード検索、カテゴリボタン、FAQリストなど)の配置や数、色やボタンデザインに至るまで調整できます。

AI機能

まず正確を期すために定義すると、FAQ検索システムに限らずいかなるシステムにも「AI機能」というものはありません。少なくともシステムの仕様にAI機能という記載のある製品はないと思います。AIとはその種の技術の総称であり、特定の機能を表すものではありません。

もし検討段階でFAQ検索システムに対してAIを求めたいのなら、それで欲しい機能の特色や、その機能から得られる利益や数値(何をすればどうなる)などを具体的に要件定義します。それはFAQ検索システムを検討する企業側の課題です。

FAQ検索システムを提供するベンダーは企業側がAIをイメージした機能の要件の内容を咀嚼し、それがかなえられる機能があれば紹介できます。またその機能を利用するためのデータや設備などの準備についても企業に促します。

図2-13に企業側が提示したほうがよい要件定義のサンプルを示します。こちらを参考に欲しい「AI」を書き出しベンダーに相談してください。また要件定義自体もベンダーが手伝ってくれると思います。

ベンダーのサポート

FAQ検索システム導入時、運用に外せないのがそれを提供するベンダーからのサポートです。ほとんどすべてのFAQ検索システムはSaaSでの提供ですが、契約内容にはシステム(ソフトウェア)の保守やシステム自体の動作維持管理のサポートだけではなく、ほとんどの場合FAQ検索システムの使い方やお困りごとに関してのサポートが含まれています。

図2-13 AI機能に対する要件定義

> **「AI」要件定義**
>
> 1) 機能の概要
>   ・ユーザーの言葉を学習して FAQ を見つけてほしい
>
> 2) 機能の詳細
>   ・ユーザーが検索する言葉を次々に覚えて、FAQ が検索ヒットする確率を上げる
>   ・FAQ はユーザーの意向に近いもの、全ユーザーのアクセス数が多い順にリストされる
>   ・時間とともに FAQ 検索システムの語彙は自動的に増える。検索ヒットする FAQ の精度（ユーザーに合っている度合い）も高まっていく
>   ・FAQ 検索システムの学習が進むにつれて精度が高まるので、ユーザーに提示される FAQ も次第にピンポイントで絞られてくる
>
> 3) 機能から得られる利益
>   ・ユーザーの FAQ へのコンバージェンス（回答到達率）が次第に高くなる
>   ・FAQ の書き方しだいでユーザーの問題解決率が高くなる

こんな AI 的なものがほしいのです

企業

システムベンダー

　一言にサポートと言ってもさまざまです。どのようなサポートがあるか、そのサポートによって導入側企業が得られるメリットについても FAQ 検索システムを検討する際にベンダーに詳細に尋ねるとともに吟味しておきます。たとえば次のような内容のサポートについての有無を調べておくとよいでしょう。

・システムのバージョンアップ
・操作方法の問い合わせサポート
・システムのチューニングやカスタマイズ
・FAQ（コンテンツ）、コンテンツ周辺データの制作支援
・FAQ（コンテンツ）、コンテンツ周辺データの編集支援
・FAQ利用分析や利用効果に関するコンサルティング

　なお、ベンダーからのサポートは、別料金がかかる場合もあります。どういった場合に別料金がかかるのかを含めて準備段階でベンダーに確認しておきます。

FAQサイトのデザインと導線

ここでは、FAQサイト自体の見た目や操作性のデザインについて述べま

す。FAQ検索システムを導入する場合もしない場合も、準備段階である程度検討しておきます。

FAQサイトのビジュアルデザイン

　FAQサイトそのものの見た目（ビジュアル）のデザインやレイアウトも、準備段階で検討します。見た目のデザインは、一般公開用に準備したFAQサイトはユーザーにとっては使い勝手に影響しますし、企業内部用に準備したFAQサイトはコールセンターのオペレーター、社内ヘルプデスクにとっての使いやすさや業務効率に影響します。特にコールセンターのオペレーターにとってFAQサイトは連日使用するものです。デザインやレイアウトが良くないと精神的なストレスが蓄積される原因にもなります。そういったことを踏まえ、細やかに検討しておきます。

　Webサイトの見た目に関するデザインの基本的な知識については多くの専門書がありますので詳しくはそちらに委ねます。ここでは専門書に書かれていないポイントを以下に述べます。

　一般公開用でも内部用でも、FAQサイトではユーザーやオペレーターは文字ばかりの情報に対面しますので、それを深く考慮したデザインを考えます。つまりユーザーやオペレーターが多くの文字を読むことに苦痛を感じず集中できることに心を砕きます。その手助けになる重要なポイントは次のようなものです。

・FAQサイト全体の背景、色合い
・FAQサイトと全体でレイアウトや各ボタンなどの配置、大きさ、色、形
・フォント、フォントサイズ、文字色、装飾
・行間、段落、文字数

　上記はFAQコンテンツだけで調整できる場合もありますし、FAQサイトのスタイルシートやFAQ検索システム自体のUI調整が必要なものもあります。

　上記の要素はどうすればよいかを準備段階で検討しておきます。お勧めなのは、できるだけシンプルで装飾の少ない画面と全体の構成です。なぜなら文字が多いサイトではそれ自体が情報ですが、それに加えてカラフルなものや趣向を凝らした構成もまた情報なのです。それらが多いとユーザーやFAQ運営者も頭の中で情報処理をしなければならず、結果的に疲れさせてしまう原因になります。

　FAQサイトは文字情報に集中できるようにシンプルなデザインを検討します。これはFAQの書き方も同様です。

FAQサイトへの導線

　主に一般公開向けのFAQサイトについてですが、FAQサイトへの導線は重要事項です。いくら良質なFAQ運営をしていても、ユーザーが訪れることのないFAQサイトでは意味がありません。準備段階でFAQサイトへの導線をしっかり検討します。

　導線には大きく分けて2つがあります。

❶企業のWebサイトやサポートアプリケーション、SNSからたどる導線
❷Googleなどのweb検索から企業のFAQにつながる導線（オーガニック）

　❶は、企業のWeb担当者や広報の担当者が調整できるので、FAQ運営者は社内の担当部門と連携してFAQサイトへの導線を太くします。導線を太くするということは簡単に言えば、ユーザーがインターネットにアクセスしたら少ない操作で簡単にFAQサイトが見つかるようにすることです。

　一方❷のほうは、ユーザーがGoogleなどのWeb検索で商品やサービスに関する困りごとを検索しても、該当企業のFAQサイトがすぐに検索結果として表れるとは限りません。ユーザーの検索リテラシも影響します。そのために企業側は、FAQサイトに対してSEO対策をしておく必要があります。FAQ検索システムを導入する場合は、SEOをFAQ検索システムがサポートしている場合もあります。

　また昨今は、Google検索ではなくSNS内でFAQを検索する傾向もあるようです。X（旧、Twitter）やLINEなどでFAQサイトへの導線をまめに更新することもFAQサイトへの導線を太くする手助けになります。またこの運用自体がSEO対策にもなります。

2-8

FAQ運営で目標を達成するための準備

　FAQ運営で時間が圧倒的に長く、しなければいけないことも多いのは、FAQサイトリリース後の推進フェーズです。このフェーズはFAQサイトが

ある限り場合によっては何年も続くので、日々のメンテナンスが途切れないようにします。FAQ運営の目標に対して成果を出すことを意識した準備をまとめていきます。

目標値のあるロジカルなFAQ運営

ロジカルにFAQ運営を進めることはすでに述べましたが、その一つは現在の状況と目標を数値で示すことです。

数値はKPIを設け日々計測します。複数のKPIがある場合、KPIどうしの相互関連性や目標の達成具合についても関係者全員でフォローしていきます。運営途中で思うように成果が出ない場合、出る場合それぞれでKPIの推移をたどると因果関係が見えます。このことはFAQ運営に限らず、いかなる業務やプロジェクトにおいて同様です。

なお、目標値を決めること自体に時間をかけ過ぎないように注意してください。まず現在値を測り、それに対する現実的に向上できる数値を目標として決めておきます。

ユーザー本位でFAQ運営準備を行う

必ずユーザー本位でFAQ運営をします。

それは、たとえばコールセンターなどへユーザーからの問い合わせ（VOCログ）をコンタクトリーズン分析したものからFAQを作る、といったことです。企業本位だとFAQを企業自ら作ったマニュアルや製品説明書などから準備するという発想になります。そうなると、準備段階からタスクと工数がまったく違います。ユーザー本位だと、カスタマーサポートのVOCログを集めるタスクから始まりますが、企業本位だとマニュアルや製品説明書の抜粋からとなります。ちなみにマニュアルや製品説明書などからFAQを作るほうが工数は甚大です。

FAQサイトリリース後は、ユーザーがFAQサイトを利用することにより残っていくログもすべてVOCととらえられます。大量に蓄積されるログを分析し、いかにスムーズにFAQそしてカスタマーサポート全体に活かしていくかという発想をします。そのためにもFAQコンテンツを良質にします。したがってFAQ専任者の任命が必要という発想になります。

　FAQ運営の途中のKPIもユーザー本位の数値です。ユーザーが目的のFAQにたどり着ける率、ユーザーがFAQで問題を解決できる率、ユーザーに必要とされているFAQの割合、ユーザーがFAQを検索できなかった率など、すべてユーザーの立場でのKPIを計測しフォローする準備をします。こちらについてはFAQ運営では非常に重要な点ですので、続く第3章、第4章で詳しく述べていきます。

どこに時間を割くべきか

　FAQサイトのリリース前の構築フェーズで最も時間を割く作業は、FAQコンテンツそのものの準備です。コンタクトリーズン分析から、FAQのライティング、FAQ検索補助テキストデータの制作などを行う必要があります。また時間をかけて制作したFAQは、FAQサイトリリース後にユーザーのためになるだけではなくシステムによる分析の精緻化やFAQ運営者によるメンテナンスの効率化を促します。

　FAQサイトリリース後の推進フェーズでは、成果を出すためにいかにFAQの質を高め充実させていくかということに最も時間を割きます。FAQ運営者はKPIや分析値に従い、こまめにFAQコンテンツを更新します。分析は自動でできますが、コンテンツの更新は手作業なので、こちらも一定の時間は必要です。

　上記がそれぞれのフェーズで時間をかけるべきものですが、いつも完璧を目指して都度都度の判断や作業に時間をあまりかけないようにします。判断や作業はいつもすばやくできるようにガイドラインでルールなどをわかりやすく記しておきます。ひとまずガイドラインどおりに進めることで工数を必要最小限にでき、合理的に運営を進められます。

Column

筆者が行ったセミナーやコンサルにおいて、よくいただくご質問とその回答を紹介します。

Q.

マニュアルからFAQを作る方法は？

A.

　マニュアルからFAQを作ることはお勧めしません。ただし、Qはコンタクトリーズン分析から作り、Aをマニュアルから作ることはあり得ます。

Q.

ライティングスキルを伸ばす方法は？

A.

　ライティングスキルに限らず、スキルを伸ばすには経験が必要です。テキストはいくらうまく書けたと思ってもしばらく経つと自然と陳腐化するので、現状に満足しない、書いたものに執着しないことです。またVOCをよく研究して、ユーザーフレンドリーな言葉を探す習慣を付けます。FAQの場合は、特に端的で必要最小限の書き方を目指します。

　FAQに限らず、普段のすべての作文がスキルを伸ばす機会だと考えます。

Q.

FAQ専任者が普段心がけておく習慣は？

A.

　FAQサイトの利用状況を毎日チェックすることです。毎日チェックしていると小さな変化に気が付き、FAQのメンテナンス方針などを検討できます。またKPIや分析値を少しでも良い方向に向上させるためのFAQへの施策や、Webサイトやコンタクトセンターとの協力体制を構築し実行に移すことです。

Q.

FAQに使うイラストや画面キャプチャの量は？

A.

　FAQの回答に利用するイラストやキャプチャ画面は必要最小限にします。理由は、画像制作や管理に手間がかかるためです。イラストは上手に使えば非常にユーザーにわかりやすくできますが、使い方が悪いと逆に理解しにくくなります。どうしてもイラストがなければユーザーが理解できない場合を除き、イラストはなくても大丈夫です。イラストを利用する場合は逆に文字の説明を減らします。

第 3 章

FAQ運営開始から
FAQサイトリリースまでの流れ

　本章では、FAQ運営のスタートからFAQサイトリリースまでの構築フェーズの作業を順にまとめます。

　構築フェーズの大項目は次のようなもので、作業ごとに節でまとめています。

・VOCログのコンタクトリーズン分析
・FAQ（質問文と回答文）の制作
・FAQ検索補助テキストの制作
・FAQのカテゴライズとカテゴリ制作
・FAQサイトの設置
・FAQコンテンツの搭載とレビュー
・FAQ運営のガイドライン制作
・FAQサイトリリース

　ここではFAQ検索システム（チャットボット含む）導入も考慮して述べています。

3-1

VOCログのコンタクトリーズン分析

　FAQを作るためには、元となる情報（元データ）が必要です。元データとなり得るものは大まかに3つ挙げられます。

❶お客様の声を集積したVOCログ
❷現在使っているFAQのうち、ユーザーの閲覧数が特に多いもの
❸商品やサービスの製品説明書やユーザーマニュアル

　上記は「なり得る」ものなので、3つとも必要というわけではありません。新規にFAQサイトを作成する場合や、すでにFAQサイトを運営している場合それぞれで検討します。

　ただどんな場合でも、特別な理由がない限りは❶のVOCログを元データとします。すでにFAQサイトを運営してFAQがある場合では、❷を利用して閲覧数が少ないFAQを省くこともあります。❷の現状データの内容によっては、❶を元データとしたほうが結果的に精度も高く手間も省ける場合

が多いです。つまりお客様からの声でコンタクトリーズン分析という過程を経てFAQにするのがお勧めです。●の商品やサービスの製品説明書やユーザーマニュアルをFAQにすることの必要性については後ほど述べます。

FAQの元データとしてほかに考えられるものとしては、カスタマーサポート関係者からの「想定される問い合わせ」も挙げられます。ただしそれらに数値的な根拠がなく、個人の記憶や感覚的な思いつきのようなものならば、優先的に元データとすることは(何かの参考にはなるかもしれませんが)お勧めしません。元データとして採用するものは根拠があるもののみです。

FAQサイトが外部向けの場合に利用するFAQの元データ

FAQサイトを外部向けに用意する場合、カスタマーサポートでのVOCログをFAQの元データとして準備します。大まかな流れは次のとおりです。

❶VOCログを集積
❷VOCログのコンタクトリーズン分析
❸問い合わせの多い順にQとする(問い合わせ上位のみ採用する)
❹Aはコンタクトリーズン分析あるいはマニュアルから制作

VOCログにはユーザーとの応対をオペレーターが記録したテキストや、メールの履歴、録音データなどがあります。録音データの場合は、音声認識技術によってテキストに変換しておく、または人間が文字起こし、つまり録音音声を聞きながらタイピングでテキスト化する必要があります。

VOCログは、コンタクトリーズン分析を必ず行います。コンタクトリーズン分析の最も重要な目的は、FAQの質問(Q)の正確な集積です。コンタクトリーズン分析を行い特に上位の問い合わせがFAQ[注1]です。「上位」の仕切りについてはのちほど述べます。

Qに対する回答(A)については、抽出したQごとに正式なマニュアルや製品情報からFAQ専任者が抜粋して書き起こす場合も多いです。もちろんVOCログからコンタクトリーズン分析によって抽出したものを参考にすることもできます。

注1　あらためて述べると、FAQはFrequently Asked Questionsの略称で、本来質問だけを指すものです。ただカスタマーサポートの現場ではFAQのことを、QとAのセットで述べることが多いので、本書では特に書かない限りは後者の意味で使っています。

FAQサイトが内部向けの場合に利用するFAQの元データ

FAQサイトがコールセンターのオペレーターや社内ヘルプデスク用（以下、内部向け）の場合でも、VOCログをもとにコンタクトリーズン分析をして、問い合わせが多いものを優先的にFAQにしていきます。大まかな流れは次のとおりです。

❶VOCログを集積
❷VOCログのコンタクトリーズン分析
❸問い合わせの多い順にQとする（可能な限り幅広く）
❹Aはマニュアルから制作

先述したとおり本来のFAQとは、ユーザーからの問い合わせのうち特に件数が多いものを指します。ただし内部向けの場合は「ユーザーに回答を提供できない」ことをできるだけ避けるために、問い合わせの数に関係なく準備する必要があります。このようなものをFAQとは区別してナレッジと本書では呼びます。ナレッジは一般公開向けのFAQに比べて網羅する範囲が広く、商品やサービスの全機能について準備します。VOCログだけでなく、商品やサービスのマニュアルや説明書も元データにすることも考えられます。

しかしマニュアルや商品説明書をもとにナレッジをゼロから書き起こすのは終わりのない作業になります。想像力さえあれば無限に「想定問答」が作れるからです。したがって、ナレッジを作るにしてもコンタクトリーズン分析をもとにして問い合わせの数の多いものを優先的に作業したほうがスマートです。

コンタクトリーズン分析で欲しいデータ

コンタクトリーズン分析の対象は、直近のまとまった期間のVOCログです。まとまった期間とは、通常は1～3ヵ月で十分です。それ以前のVOCログの場合、すでに現在と比べて問い合わせの傾向が変わっている可能性があるためです。

FAQを準備するためにコンタクトリーズン分析で集計するデータを列記します。

・問い合わせの内容(ユーザーからの質問)

・問い合わせの内容でユーザーが使った言葉

・問い合わせごとの件数

・問い合わせに対する回答

　コンタクトリーズン分析とは、単に問い合わせの傾向を見るだけではありません。FAQのために必要なのは、粒度の細かい具体的な問い合わせ(ユーザーからの質問)です。その問いで回答が絞れるよう、内容に具体的な条件がそろっているものです。つまりコールセンターでオペレーターがユーザーに最終回答を提示できる直前の内容をまとめたようなものです。

　たとえばコールセンターの電話応対においては、ユーザーの第一声が「カードの申し込みについて」だとしても、オペレーターの応対としては「何カードですか?」「お申し込みについて何をお知りになりたいですか?」「ネットで申し込みたいですか?」といったユーザーとの質疑応答をします。その結果、「○○カードを申し込みに必要な書類を知りたい。申し込みはネットですましたい」といった具体的な内容にまとめ、ユーザーにそれを復唱(確認)します。このように質問をまとめることで、ユーザー状況や具体的に知りたいことがはっきりします。つまりユーザーの問題を解決できる絞られた回答を得る条件がそろいます(**図3-1**)。

図3-1　　　お問い合わせしてきたユーザーにオペレーターが回答するまで

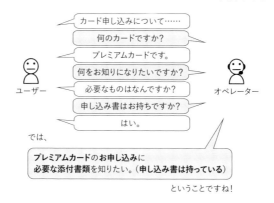

　あらためて言うと、FAQのためのコンタクトリーズン分析とは、ユーザーの問題を解決する1つの回答に導く具体的な条件をそろえた情報を抽出

することです。そのような情報の単位ごとに、お問い合わせの理由(コンタクトリーズン)として集計していくことです。

コンタクトリーズン分析からFAQをピックアップする

コンタクトリーズン分析で具体的な問い合わせ内容を収集したとしても、それらをすべてFAQとして掲載するわけではありません。掲載するかどうかの判断は、集計した問い合わせの件数が重要となります。

特にFAQサイトが一般公開向けの場合、問い合わせ総数の80%程度を占めるコンタクトリーズンのパターンをFAQの元データとします。問い合わせの多いコンタクトリーズンの順からその問い合わせ数を累積し、それが問い合わせ総数全体の80%程度に入るコンタクトリーズンパターンということです。

このことをグラフで表すとわかりやすいです。コンタクトリーズンごとに問い合わせ件数が多い順に並べると**図3-2**のようなグラフになります。このようなグラフはパレート図とも呼ばれます。グラフを見てコンタクトリーズンパターンの問い合わせが多い順から、その数を累積し合計が問い合わせ総数の80%ぐらいの範囲を見ても、コンタクトリーズンパターンの数自体は多くないことがわかります。

図3-2　　　　コンタクトリーズンごとの問い合わせ件数を累積するとパレート図になる

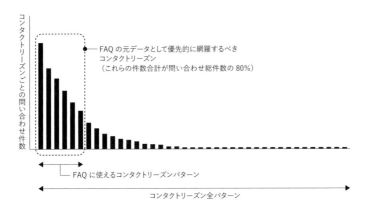

FAQサイトが一般公開向けの場合は、ユーザーの問題解決やFAQ運営の

効率を考えて合理的な取捨選択をします。カスタマーサポートでは、一つ
でも多くの問い合わせに応えたいという思いがあるためFAQをたくさん作
ってしまいがちです。しかし、どんなにたくさんのFAQを作ったとしても、
すべてのユーザーからのすべての問い合わせには永遠に応えられません。
明日やってくる問い合わせは誰にも予測できないからです。

　逆にFAQをたくさん作ったことでユーザーにとっては必要なものが探し
にくくなり、FAQ運営者にとっては分析とメンテナンスに負荷が増えます。
そこで、FAQサイトに掲載するFAQの数には、最も効果が大きくなる「仕
切り」を設けます。これはカスタマーサポート以外のビジネスの世界ではご
くごく当たり前のロジックです。

　一方FAQサイトが内部向けの場合、掲載は一般公開向けに比べて範囲が
広く、FAQ（ナレッジ）は数が多くなると思います。それでもコンタクトリ
ーズン全パターンを網羅すると大変な数になってしまいます。そこで上記
のコールリーズンパターンごとの件数をFAQ制作作業に優先付けに利用し
ます。より問い合わせの多いコンタクトリーズンパターンを優先して制作
し、順次FAQを追加していきます。このことは次の項でも述べます。

マニュアルや商品説明書からのFAQ元データ

　FAQがコールセンターのナレッジや社内ヘルプデスク向けの場合は、応対
できる範囲を広く準備する必要があります。そのため、商品やサービスのマ
ニュアルや商品説明書からFAQ（この場合ナレッジ）を作ることも多いです。
その場合でもVOCログのコンタクトリーズン分析は役に立ちます。

　コンタクトリーズン分析では、上述したように1つの回答が明示できる
ような具体的な条件をそろえた問い合わせ内容の単位で集計します。上記
の例で言うと「○○カードの申し込みに必要な書類を知りたい。ネットで申
し込みたい。」のような具体的問い合わせ内容がコンタクトリーズン分析に
よって抽出されます。

　この問い合わせをFAQの元データにする場合、派生した似たような問い
合わせが考えられます。たとえば次のような問い合わせ内容です。

・○○カードの申し込みに必要な書類を知りたい。郵送で申し込みたい。
・□□カードの申し込みに必要な書類を知りたい。ネットで申し込みたい。

・△△カードの申し込みに必要な書類を知りたい。郵送で申し込みたい。

　このような問い合わせパターンの派生を作るには、企業の商品やサービスに関する知識が必要です。またそれに対する回答を準備するには、マニュアルや商品説明書を参照します。

　このようにコンタクトリーズン分析時点で回答を得るための条件の入った具体的な問い合わせ内容にしておくことで、ほかの問い合わせパターンも思い付きやすくなります。派生させて作成した問い合わせパターンをすべてFAQサイトに掲載する必要はないと思います。こちらもコンタクトリーズン分析でわかる問い合わせ件数の順位を見て、運営に必要と判断すればFAQの元データとします。

3-2

FAQ（質問文と回答文）の制作

　FAQ運営で欠かせないコンテンツであるFAQの制作についてまとめます。この工程は構築フェーズでクリティカルパスになり得るところです。また推進フェーズにおいて常に向き合うのもFAQコンテンツです。

　FAQ制作するうえでの重要ポイントは次の2つです。

・ユーザーが問題を自己解決できること
・FAQ運営者が分析とメンテナンスをしやすいこと

FAQの作文の順番

　コンタクトリーズン分析で元データがある程度そろったら、FAQを作文します。FAQは質問文（Q）と回答文（A）のペアが基本です。基本的な作文の順番は以下のとおりです。

❶Qをひととおり作文する
❷Qに対してAを作文する

　まずQだけをひととおり作文することで、Qを一覧（リスト）で見たとき

の視認性を確認できます。またQがある程度の件数準備できているので、その状態でQ全体の言葉や文型などの統一化を進められます。視認性や言葉・文型の統一化については後ほど述べます。

　なおこの時点でQを俯瞰的に見ると、派生しそうなQを新たに思い付くことがあります。ただFAQサイトが一般公開向けの場合はQを思いついたとしても追加不要です。なぜならそのQはもともとコンタクトリーズン分析で選定された問い合わせのパターンに入っていなかったからです。

良質なFAQの書き方

　QとAの書き方について、いくつかの大切なポイントを簡単にまとめておきます。QもAも文なので、ここではあえて定性的な表現で述べます。これらのポイントはさらに細かく分かれますので、それは続く項でサンプルと一緒に述べていきます。

　さらにこれらのポイントを定性的ではなく、定量的に測るためどのようにKPIで表すかは、第4章でユーザーの回答到達率や問題解決率などを観察し、相関的にとらえる方法を述べます。

探しやすいこと（見つけやすいこと）

　FAQサイトを訪れたユーザーが目視で目的のFAQを探しやすそうだと思えることはとても大切です。このことを視認性が良いと言います。視認性が良いFAQはFAQサイトでQリストである状態でユーザーが目で追いかけやすいです。視認性が良いFAQサイトは情報量と関わりなく、ユーザーにFAQが見つかりそうだと感じさせます。

わかりやすいこと

　言うまでもないことですが、FAQは読んでわかりやすいように書きます。FAQはただユーザーに読んでもらうだけではなくきちんと理解してもらい、最終的には困りごとやわからないことをユーザーに自己解決してもらわなければいけません。FAQをわかりやすくするためには、FAQという文の書き方の質を求めていきます。

誤解の余地がないこと

　FAQをわかりやすく書いても、そこに誤解が生じるようではいけません。誤解の余地がないということは、ユーザーがQやAを読んだときに、誰もが同じ理解と解釈をするということです。もし文が個人の想像や推測を必要とするようならば、読む側が書いた側の意図と違う解釈をする可能性があります。つまり誤解です。読む側、つまりユーザーの誤解を招けば結果的に問題解決に至りません。あるいはユーザーが自分の解釈に自信が持てずFAQを選べない原因にもなります。誤解の余地がない文も、書き方の質が関わります。

FAQ検索システムを活用できること

　WebサイトやFAQ検索システムの検索性能を活かすためには、FAQの文そのものがそれらのしくみを意識して書かれている必要があります。また検索にヒットしたFAQは、高い確率で検索したユーザーが期待していたFAQであるべきです。FAQは検索のしくみをよく理解したうえで、ユーザーに間違いないと感じさせるように書きます。

最後まで読めること

　FAQはユーザーが問題を解決できるかどうかが最大のポイントであり、それが無人チャネルのカスタマーサポートにおけるコンバージェンスです。問題を解決するためにも、ユーザーがFAQの、特にAを読む気になること、最後まで読めること、できれば何度でも読めるよう書きます。それは文章力と構成力に依存します。やはりFAQの質が高いことがポイントです。

分析やメンテナンスがしやすいこと

　QとAに共通することですが、分析やメンテナンスがしやすいことは、FAQ運営でKPIを向上するための基本です。FAQの書き方の質が高いと、ユーザーの利用分析結果が正確になり具体的なメンテナンス方針を立てることができます。またFAQを修正したり追加したりする際にもスムーズです。

　ここまでで、FAQの書き方の質がFAQサイトの重要なポイントであることを述べました。このようなFAQを「良質なFAQ」と本書では呼んでいます。良質なFAQは第一にユーザーのためですが、運営の利便性から見てもとて

も役に立つのです。構築フェーズで投入したFAQは推進フェーズではさらに良くし、KPIを向上していかなければなりません。そのためFAQ自体が分析やメンテナンスがしやすいこと、つまり良質であることが大切なのです。

逆に質の低い書き方のFAQは、上記したことができていないのでユーザーにとってもFAQ運営にとっても良くないものとなります。FAQ運営の成果を出せないのは言うまでもありません。

3-3
良質なFAQを作文するコツとサンプル

良質なFAQを準備するのは、ユーザー、FAQ検索システム、FAQ運営者のためです。そのコツとサンプルをあらためて述べておきます。

- ・ユーザーのため
  良質なFAQは見つけやすく、わかりやすく問題解決まで導く
- ・FAQ検索システムのため
  良質なFAQは検索ヒットしやすくカテゴライズも容易。また分析機能でも有益な分析値が得られる
- ・FAQ運営のため
  良質なFAQはKPIや分析値からのメンテナンス（編集・追加など）がしやすい。FAQ自身の管理が容易になり、コンタクトリーズン分析にも利用できる

なお良質なFAQにするために、完璧を目指すあまり構築フェーズに時間を費やす必要はありません。ある程度良質なFAQにしておけば推進フェーズに委ねられます。良質だと分析とメンテナンスがしやすいので、ユーザーの利用状況に合わせてさらに良質にしやすいからです。

ここに良質なFAQの要件をいくつかまとめ、それぞれにサンプルを付けます。もちろんすべてのパターンは網羅できませんが、代表的なパターンで理解の助けになればと思います。

なお、良質なFAQの作文に関しては、拙著『良いFAQの書き方』[注2]で多くのサンプルとともに解説しています。書き方についてさらに深く取り組ま

注2　樋口恵一郎著『良いFAQの書き方──ユーザーの「わからない」を解決するための文章術』技術評論社、2021年

れる方は併読すると理解が深まります。

FAQの言葉遣いはユーザーの視点で

まずはFAQでの言葉遣いに着目します。FAQは言うまでもなく、公開用であっても内部向けのナレッジであってもFAQサイトにアクセスする利用者(ユーザー)が読み、理解し問題を解決するためのものです。したがって、必ずユーザー視点で書きます。言語知識(リテラシ)はユーザーによって差がありますが、できるだけ多くのユーザーが理解できることを強く意識します。

企業視点から顧客視点の言葉遣いにする

FAQは、ユーザーが読むものですが書くのは企業側なので、ついつい企業内で通用している言葉を使ってしまいがちです。

◀Before

Q1：ご注文のお品物の発送は……

Q2：プレミアAAカードのお客さま番号は……

Q3：口座へ入金の限度額は……

Q4：治療保険金の支払いをします……

Q5：お申し込みの受け付けの期限は……

▼

After ▶

Q1：注文した品物の受け取りは……

Q2：銀色のカード右下の7桁番号は……

Q3：口座への預け入れの限度額は……

Q4：治療保険金を受け取ります……（または）治療保険金の請求をします……

Q5：申し込みご依頼の最終日は……

Q1：通販などで注文の品物は企業からは「発送」となるが、ユーザーから見ると「受け取り」となるはず

Q2：「プレミアAAカード」のような企業が命名した固有名詞はユーザーには伝わ

らない可能性がある。ユーザーが目の前にあるカードと比較できるように視覚に訴える「銀色のカード」のような表現のほうがよりわかりやすい

Q3：「入金」「出金」は一般的になってきているとはいえ、ユーザーには「預け入れ」や「引き出し」と言ったほうがよりやさしい

Q4：保険会社のFAQで保険金は、企業から支払うものだが、ユーザーからすると受け取るもの

Q5：「受け付け」や「期限」は企業側都合の表現。ユーザー主体なら「依頼」や「最終日」のほうが適切

専門家視点からアマチュア視点の言葉遣いにする

　言葉が相手に伝わるかどうかを考慮せず専門家視点で書いてしまうと、ピンとこない表現になることもあります。FAQでは、一般にわかりやすい表現を優先的に使用します。それが通称や略称であってもわかりやすさ優先で採用します。

Before

Q1：iOS端末でのアプリ操作は……

Q2：ご利用明細はオンラインで……

Q3：ユーザーアカウントをお確かめ……

Q4：OSのVerアップはアプリケーションの互換性にご注意……

Q5：情報処理技術者試験・初級レベル（FE）合格が必要です……

After

Q1：iPhoneでアプリ操作……

Q2：請求の明細書をインターネットで……

Q3：自分のログイン番号（ID）で……

Q4：更新後のOSバージョンでアプリが今までどおり動作できるか確認……

Q5：ITパスポート合格が必要です……

Q1：「iOS端末」という表現は専門的で、わからない人もいるかもしれない。より一般的なiPhone、iPadという表現にする

Q2：「オンライン」という表現は一般的になっているが、具体的ではなく別の意味を表す可能性もある。この場合「インターネット」としたほうが明確になる

Q3：「ユーザーアカウント」という用語はユーザーに知らされているかもしれない が企業用語と思われる。サイトに記載されていてユーザーが見慣れている 「ログイン番号」や「ID」という表現のほうがピンとくる

Q4：「互換性にご注意」は専門的に正しい表現でも、「アプリが今までどおり動作 できるか確認」のほうが直接的でわかりやすい

Q5：正式名称よりも通称で呼んだほうがわかりやすい

感覚的視点からロジカルな視点にする

　話し言葉で使いそうな感覚的な表現をそのままFAQに使ってはいけませ ん。たとえば数値などを使うとロジカルで明快です。

◀ Before

Q1： 大きな荷物の……

Q2： お得な品物

Q3： 明るい照明器具

Q4： どこにありますか

Q5： いつなのですか

▼

After ▶

Q1： 15 kg以上または180 cm以上の荷物の……

Q2： 通常価格の20%引きの品物

Q3： 電球100ワット相当の照明器具

Q4： 住所は（または）URLは……

Q5： 何月何日ですか（または）日時は……

　感覚的な表現は、ユーザーによって解釈が違います。世界中の誰が見て も同じ理解をするように書きます。BeforeのQ1〜Q5はいずれも「大きな」 「お得な」「明るい」「どこ」「いつ」といった、思い浮かべるものが読む人によ って違う表現です。FAQは企業がユーザーに提示するものですので、これ らの言葉はすべて具体的な数値や言葉で明示します。たとえばAfterのよう に数字で表すなどです。このようにするだけで、誰も誤解しない表現にな ります。

　特にBeforeのQ4やQ5で示したようなあいまいな表現について、ほかにも「どんな」「どのように」「どうして」「どうすれば」といったものを質の低いQで使いがちです。このような表現もユーザーによって解釈がまちまちになる可能性があるだけではなく、企業が公開するFAQとしては稚拙な印象になります。

■ ユーザーが速やかに選べる書き方

　多くのFAQサイトにおいて、ユーザーはこれと思う一つをQのリストから選んでクリックします。Qのリストは文の集まりです。それらを一つ一つ読みながら、ユーザーは自分が求めるQを見つける必要があります。一つ一つ読むと時間がかかるだけでなく、読み間違いや見間違いを気にして後戻りもあるかもしれません。

　それを考慮して、視認性の良いQを書くことを意識します。視認性が良いQのリストは、一つ一つのQを丹念に読むというユーザーの手間を軽減でき、読み間違いの可能性も少なくなります。つまりユーザーがこれと思うQをクリックするまでの時間を短縮できます。

◀ Before ▶

Q ： 人気のお店はどこですか、またトイレはありますか？

Q ： 割引クーポンは使えますか？

Q ： お店で全店共通のクーポンが買えるんですか？

Q ： 去年もらった割引券を使いたい

Q ： 入り口まで駅からどれくらいですか？

Q ： 割引クーポンが使えないお店はどれですか？

Q ： ビールの割引はできますか？

Q ： 全部でレストランは何店舗あるんですか？

Q ： 割引クーポンはどこで買えますか？

Q ： 駅から歩けますか、また何時からですか？

▼

◀ After ▶

Q ： 最近一番人気のお店の名前は？

Q ： 割引クーポンが使えるお店は？

Q：　割引クーポンが使えないお店は？

Q：　割引クーポンが買えるお店は？

Q：　割引クーポンの有効期限は？

Q：　割引クーポンで対象外の飲み物は？

Q：　アーケードにお店は何軒？

Q：　アーケードまで駅から徒歩何分ですか？

Q：　アーケードがオープンするのは何時？

Q：　アーケード内でトイレがある場所は？

　BeforeのQリストは、文体が一つ一つ異なります。ユーザーは目的のものを見つけるために一つ一つの意味を考えながら丹念に読まなければいけません。視線は1行ごとに左右に動かさざるを得ません。

　AfterのQリストなら、ユーザーの視線は直線的に目的のものにたどり着けます。視認性が良いリストでは、ユーザーはリストの上下でQの文の比較を無意識に行えます。一つ一つ読まなくてもある程度見た目だけで取捨選択できます。

　視認性を良くするためにはQの文の定型化を意識して、全体を通じて文型をそろえます。文末や文頭をそろえていくだけでも定型化できます。またFAQ全体で同じ意味の言葉はすべて同じ言葉を使うというのは、いかなるFAQでも同じです。

　もう一つサンプルを示します。

▶ **Before**

Q：　イタリアに旅行するのにビザはいりますか。

Q：　香港経由でイタリアに行くにはどうしたらいいですか。

Q：　物価について中南米や南米はどうですか。

Q：　仕事でカナダにいくのですがビザは何ビザですか。

Q：　ヨーロッパへの航空税について。

Q：　入管では何が必要ですか。

▼

After ▶

Q：　イタリアに渡航するビザ申請手続きを知りたい。

Q : イタリアに成田から香港経由に渡航するパッケジツアーを知りたい。

Q : メキシコと日本での2022年の物価の違いを知りたい。

Q : ブラジルと日本での2022年の物価の違いを知りたい。

Q : カナダに仕事で2週間滞在する場合のビザ申請手続きを知りたい。

Q : ヨーロッパ各国への航空税を知りたい。

Q : 日本に帰国の際入管で必要な手続きを知りたい。

上記では次のような作法で書いています。

・文末を「○○を知りたい。」に統一

・文頭は渡航先でそろえる

・「旅行」「行く」「いく」を「渡航」に統一する

一問一答にする

良質なFAQは一問一答が基本です。これはQの作文によるところが大きいです。良くない例を示すと、以下のようになります。

◀**Before**

Q1 : 一番高い建物はどこですか？

Q2 : 送料はいくらですか？

Q1の「一番」「高い」「建物」「どこ」といった単語は、個々人によって解釈が異なります。Q1に対して無理に回答を準備しようとすると次のような文になり、ユーザーが読まなければいけない情報がとても多くなります。

◀**Before**

A1 : 一番高い建物は、

東京の住宅では……。価格は……。

東京の商業ビルでは……。テナント料は……

横浜の住宅では……。価格は……。

横浜の商業ビルでは……。テナント料は……

  :

　A1のようになってしまうのは、これを読むさまざまなユーザーの言葉に対する「解釈の揺れ」に合わせるためです。つまりQ1に対するすべての可能性に対して情報を書き並べなくてはいけないからです。このようにユーザーのさまざまな解釈を忖度すると一問一答ではなくなります。あるいはユーザーの解釈の揺れを無視して、一部のユーザーへの回答になってしまいます。解釈が異なるユーザーにとっては、間違っているか期待しない回答になります。

　Q2もよくあるパターンです。もし送料など送付の条件によって複数のパターンがある場合は、上記のA1と同様に回答にそれらをすべて書く必要が出てきます。こちらも一問一答ではないFAQになります。

　以下が良いQの例です。

After

Q1：横浜市で一番家賃の高い賃貸マンションの住所は？
A1：次のとおりです。横浜市〇〇区〇〇—〇〇　□□マンション

Q2：品物を3,000円分以上買った場合の送料は？
A2：品物を3,000円分以上買った場合、送料は無料です。

　Q1はA1で住所を示すだけで完結する一問一答のFAQになります。なぜならば、文の内容について個々人で解釈が異なることはないからです。「一番」「高い」「建物」「どこ」といった意味がはっきりしているので、回答も端的な記述で済みます。Q2の場合でも文内に送料が決定できる条件を網羅しているので、A2は端的に結論付けられます。

　一般的に、Aの文はQに比べてどうしても長くなります。一問一答にすることはQを具体的に書くことなので、Aを簡潔にすることができます。シンプルですがユーザーへの回答としては十分です。

Qは質問文にする

　FAQとは本来質問を表します。言うまでもないことですがQは「質問文」にしておきます。質問文とは回答を導く文です。特にFAQの場合Aに何が

示されているか想像するしかないような文は質問文とは言えません。クリックするまではAに何が書かれているのかわからないからです。Aを読んで想像が外れたときはユーザーの期待を裏切ることになります。次のBeforeとAfterと比べてみましょう。

◀ **Before**

Q1：カードをなくした。

Q2：バッテリがすぐに切れてしまう。

Q3：予約について知りたい。

Q4：故障した場合はどうしたらいいんですか。

Q5：ネットで口座を開設したい。

After ▶

Q1：カードを外出先でなくした場合の連絡先は？

Q2：スマホのバッテリの切れるのが早い原因と対策は？

Q3：ネット予約の開始日は、公演の何週間前か？

Q4：製品が故障した場合、代替品を受け取る手続きと連絡先は？

Q5：インターネットで口座を開設する際に準備しておくべき書類は？

BeforeのQ1やQ2のようなQは、ユーザーの状況がそのまま記載されているだけです。Qだけを読んでもその回答として何が得られるのかわかりません。そもそも質問文でもありません。Q4は一応質問の形になっていますが、「どうしたら……」と、やはり求める情報が具体的ではありません。Q3とQ5はしたいことはわかるのですが、具体的に知りたいことがわからないのでやはりAに何が書かれているかは想像するしかなく、良質な質問とは言えません。

AfterのQでは、「連絡先」「原因と対策」「何週間前」「手続き」「書類」などすべて具体的に知りたい情報、つまりAに何が書かれているかが明記されています。Qをこのように良質に書いておくと、ユーザーは回答内容を想像する必要はありません。Qに書かれていることをそのまま期待すれば、期待どおりのことがAに書かれているとわかります。質問文になっているQとは、このようにAの回答情報を頭出ししている文です。

▌一意に書く

　一意な文とは、誰もが必ず同じ解釈する文のことです。ユーザーが回答を得るための条件がすべてQに網羅されている文は一意と言えます。一意なFAQは、多くの場合一問一答になります。

　一意な質問文を書くには、6W1H（いつ、だれが（に）、どれを（に）、なにを（で）、なぜ、どのように、どこで（に））を意識した構文で書きます。6W1Hがすべてそろっている必要はありません。下のBeforeとAfterを比べてみます。

◀ Before

Q1：一番高い建物はなんですか？

Q2：燃費の一番いい車はどれですか？

Q3：新橋までどれくらいかかりますか？

Q4：スピード便だと届くのはいつですか？

Q5：領収書をもらうのはどうしたらいいですか？

▼

After ▶

Q1：日本一地価が高い土地にある建物の名前はなんですか？

Q2：2023年販売の60km/h走行時、最も燃費の良い軽自動車（ガソリン車）の車名は？

Q3：品川駅から新橋駅までのJRの乗車賃は？

Q4：本日注文すると私が荷物を受取るのは何日後ですか？（スピード便）

Q5：ネット注文でカード一括払いをしたあと、領収書を依頼する手続きは？

　Qが一意ではないということは、ユーザーによって解釈が異なるということです。たとえばBeforeのQ1「高い建物」とは、物理的な背の高さか価格の高さか、文脈や人の意識によっては解釈が異なるでしょう。こういったものが典型的な一意ではない文です。信頼できない文とも言えます。Q3「どれくらい」も距離か時間か運賃かわかりませんし、Q4「いつ」は日数か日付か時間かわかりません。Q5「どうしたらいいですか」もやはり具体性のない表現です。

　QをAfterのように書くと、質問に具体性が出て明確になり、期待できる回答もわかるようになります。またそれぞれ回答は1つに絞られます。い

ずれのQも読む人によって解釈が異なることはない一意な文です。FAQを一意の文で書くとユーザーが安心して、また自信を持ってクリックできる信頼性が高いものになります。

Aの説明内で場合分けをしない

特にFAQのAは、どうしても情報量が多くなってしまいます。それでも困りごとやわからないことを解決するためには、ユーザーはそれを読まなければいけません。もしユーザーがAを読み切れないと、きちんと情報がそろっていても問題解決はできません。

Aの情報量が多くなるケースは、回答に複数の情報を場合分け（ケース分け）をして掲載しているケースです。通常ユーザーが問題解決のために知りたいことはたいてい一つだけです。Aに掲載された「場合」のパターンをすべて知る必要はほとんどありません。場合分けがあるだけで、ユーザーに情報の仕分けの負担を強いることになります。

Aの内容に場合分けをするくらいなら、FAQ自体を分割します。

◀ Before

Q ： IDやパスワードを忘れた場合について。

A ： いつもAAAアーケードのご愛顧ありがとうございます。

私たちAAAアーケードカスタマーサポートサイトにログインできないときの解決方法は以下の通りでございます。お客様の状況によりいくつかの方法がありますので、以下をよく読んでご希望のお手続きをお願いします。

■注意　パスワードの再発行には今一度お客様の『お名前』、『電話番号』のご入力をお願い致しておりますのでなにとぞご了承のほどよろしくお願いいたします。

お客様が一般会員様（AAカード）でパスワードを忘れた場合はこちらをクリックして再発行のお手続きをしてください。
パスワードの再発行手続きには、お名前、電話番号、会員IDが必要で御座います。
また新しいパスワードはメールにてお客様に通知されます。

お客様がプレミアム会員様（PAカード）でパスワードを忘れた場はこちらをクリックして再発行のお手続きをしてください。

パスワードの再発行手続きには、お名前、電話番号、会員IDが必要で御座います。
また新しいパスワードはメールにてお客様に通知されます。

お客様が一般会員様（AAカード）もしくは、お客様がプレミアム会員様（PAカード）でIDを忘れた場合はこちらをクリックしてお手続きください。
IDの再発行手続きには、お名前、電話番号、ご住所が必要で御座います。
また新しいIDはその場で発行されますが、ご希望の方にはメールにて通知いたします。

お客様が一般会員様（AAカード）もしくは、お客様がプレミアム会員様（PAカード）でIDやパスワードを変更したい場合はこちらをクリックしてお手続きください。
※お名前、電話番号、ID、ご住所と現在のパスワードが必要です。

After

Q：パスワードを忘れた。再発行手続きは？　一般会員（AA）

A：パスワードの再発行手続きはこちらからお手続きください。
お手続きサイト　※お名前、電話番号、会員IDが必要です。

Q：パスワードを忘れた。再発行手続きは？　プレミアム会員（PA）

A：パスワードの再発行手続きはこちらからお手続きください。
お手続きサイト　※お名前、電話番号、会員IDが必要です。

Q：IDを忘れた。再発行手続きは？　（全会員共通）

A：IDの再発行手続きはこちらからお手続きください。
お手続きサイト　※お名前、電話番号、ご住所が必要で御座います。
また新しいIDはその場で発行されますが、ご希望の方にはメールにて通知いたします。

Q：IDやパスワードの変更手続きは？　（全会員共通）

A：IDやパスワードの変更手続きは、こちらからお手続きください。
お手続きサイト　※お名前、電話番号、ID、ご住所と現在のパスワードが必要です。

　BeforeのFAQでは、QをクリックしてAを見るだけでたくさんの文字がユーザーの目に飛び込んでくるでしょう。しかもユーザーはそれらをよく読んで、まず情報の仕分けをしなければなりません。自分には不要な情報

を読み飛ばし、必要な情報を見極めるためです。こういった負担を強いることでユーザーはせっかくFAQにたどり着いても自分が当てはまる「場合」を見逃して問題解決に至らないかもしれません。

Afterは、もともとAの説明にあった「場合」ごとに分割してそれぞれでFAQを準備したものです。また情報を分割したことで不要になった記載も割愛できたのでさらにシンプルになりました。このようにすることで必要最小限の情報量でユーザーの問題解決につながります。

なお上記のようにFAQを分割しておくことで、推進フェーズの分析においてはユーザーの利用状況分析の粒度を細かくできます。

Aは箇条書きにする

求めるQをクリックしたユーザーは問題を解決するためにAを読みます。このとき記載内容が連なった文章になっている場合と箇条書きになっている場合とでは、ユーザーから見た読みやすさはまったく異なります。すべて文章だとユーザーはまず内容を読み解きその中から必要な情報を抽出する必要があります。文によっては情報の取捨選択の負担を強いられる場合もあります。

情報が多くなるAの場合は、箇条書きのほうがユーザーにとって内容を見分けやすく、情報の取捨選択が必要な場合でもその負担は少なくなります。

◀ Before

Q： AAAアーケードへの行き方は？

A： AAAアーケードにはJRxxx線xxx駅か、小田玉線△△△駅の富士産業会館口から徒歩5分で行くことができます。第1回目の申込受付開始時間は午前9時45分です。9時30分からピッコロゲートをスタッフが開門いたしますので順にお進み頂き4ヵ所ある受付窓口にお並びくださいますよう何卒宜しくお願い致します。お持物は申込書以外には申し込み手数料1,800円のみで結構で御座います。お申込書には2ヵ所捺印するところがありますのでお確かめ頂いた上お持ちくださいますようお願いいたします。会員証の発行につきまして受け付けは申込書に受付時に捺印がない場合でも可能となります。その場で仮の会員証を会員証の代わりに発行しますので施設ご利用は可能となっております。また大変恐れ入りますが仮の会員証は一週間以内に会員証と交換をお願いできますようご協力何卒宜しくお願い致します。

▼

After

Q : AAAアーケードの受付場所と持ち物を教えて。

A : AAAアーケードの受付場所と持ち物は次のとおりです。
・申込受付　　9:45（9:30開場）ピッコロゲート
・お持ちもの　捺印をした申込書、手数料1,800円
・最寄り駅　　JRxxx線　xxx駅西口
　　　　　　　小田玉線△△△駅　富士産業会館口

　Beforeでは、Qに対してAはしっかりした文章で書かれているものの、情報量が多く冗長です。ユーザーはこのAを熟読しこの中から必要な情報を抽出する必要があります。ユーザーが知りたいことはこれらの情報の一部かもしれません。たとえば持ち物を知りたいだけでも、それ以外の不要な情報も仕分けするためにひととおり読まなければなりません。

　Afterでは、Aは箇条書きにしています。文ではなく必要な情報を項目ごとにシンプルに示しています。全体的に必要最小限の情報にしているので、ユーザーはさらりと最後まで目を通せます。また必要な情報が見分けやすく、取捨選択や解決に時間を要しません。

Aの情報は必要最小限にする

　ユーザーがFAQで必要なものは問題を解決できる情報だけです。それ以外の情報は一切不要です。FAQはそのことを踏まえ必要最小限の情報で解決策を提示します。また特にAは文字で書かれている内容だけでなくそこに掲載されているものはユーザーの足を止めてしまう情報です。たとえば、次のようなものです。

・装飾や色の違い、フォントの違い、フォントサイズの違い

・記号やイラスト、動画、表

・リンク

　これらすべてユーザーの頭の中で何らかの「情報処理」を強いることになります。たとえば記載内でテキストの色が違っていたり太字や大きな文字になっていたりすると、ユーザーの頭の中は一瞬その違いについて足を止めて思考をします。思考、つまり情報処理をしなければいけないものが多いほど読

解スピードが落ちるとともに、読み間違いや誤解の可能性も増えます。

　Aの情報は必要最小限にして、ユーザーの問題を解決する情報だけが際立つようにします。つまりAは可能な限り文字だけで（それもできるだけ少ない文字数で）準備します。特に上記の中ではリンクに気を付けます。もし文中に複数のリンク情報がなければユーザーが問題を解決できないようなら、そもそもFAQに向かないという判断をしてもよいかもしれません。

　情報が多いAはユーザーにとっては情報処理に精一杯で、最後まで読んでくれたとしても、アンケートボタン（役に立った、役に立たない）をクリックするゆとりはなくなり、途中離脱の懸念もあります。

　BeforeとAfterを見比べると一目瞭然ですが、**図3-3**のように装飾や、記号、リンクが多いと気になって書かれていることがさらりと読めません。記載情報も多いのでユーザーは最後まで読むのに時間がかかります。アンケートへの回答をクリックするまで気が回らなくなり、そのままサイトを閉じてしまう可能性もあります。

図3-3　　アンケートボタンがクリックされにくいFAQ（Before）

Q　AAA アーケードは行くにはどうするの

A　AAA アーケードは行く方法をご案内します。

ご注意：AAA アーケードの駐車場 (https://www.aaapiccoro.co.jp/parkingspace/map/)
**は数に限りがあります。また週末には大変混雑が予測されますので、お越しの際には電車を
ご利用くださいますようご協力のほどよろしくお願いいたします。**

　AAA アーケードには最寄りの駅がございます。AAA アーケードには JRxxx 線 xxx 駅か、
小田玉線△△△駅の富士産業会館口から徒歩5分で行くことができます。会員申し込みについて第1回目の申込受付開始時間は午前9時45分でございます。9時30分から『ピッコロゲート』をスタッフが開門いたしますので順にお進み頂き、4か所ある受付窓口（くし形列をお願いしております）にお並びくださいますよう何卒宜しくお願い致します。会員申し込み参加の持ち物は申込書以外には申し込み手数料 1,800 円のみで結構で御座います。お申込書には**捺印を2か所**おす個所がありますのでお確かめ頂いた上お持ちくださいますようお願いいたします。

■会員証の発行につきまして
　受け付けは申込書に**捺印**がない場合できません。その場で仮の会員証を会員証の代わりに発行しますので施設のご利用は可能となっております。
※また大変恐れ入りますが仮の会員証は一週間以内に会員証と交換をお願いできますよう
　ご協力何卒宜しくお願い致します。会員証への交換のしかたはこちらです。

お役に立ちましたか
役に立った　役に立たない

　図3-4では、Aの内容をシンプルにするためにFAQを分割しています。情報量が少ないことで、ユーザーは最後まで読めそうだと感じます。内容も装飾はせずシンプルなテキストだけで箇条書きにしています。装飾がなくても、段落や行間の工夫だけで十分読みやすいです。このようにユーザーが最後まで楽に読めるようにすることで、Beforeと比較するとアンケートへの反応も多いはずです。

図3-4　　アンケートボタンがクリックされやすいFAQ（After）

> Q　AAAアーケードの受付場所への最寄りの駅、受付時間を教えて。
> A　AAAアーケードの受付場所への最寄りの駅、受付時間は次のとおりです。
>
> ・最寄り駅　　JRxxx線xxx駅、西口
> 　　　　　　　小田玉線xxx駅産業会館出口
> ・申込受付　　9:45(9:30開場) ピッコロゲート
> ・お持ち物　　捺印をした申込書　手数料1,800円
>
> こちらはお役に立ちましたか？
>
> [役に立った!]　[わかりにくかった]

> Q　AAAアーケードの会員申込みの注意点を教えて。
> A　AAAアーケードの会員申込みの注意点は次のとおりです。
>
> ・お持ち物　　申込書、お手数料1,800円が必要です。
> ・お申込書　　捺印は、2か所です！
> 　　　　　　　その場で仮の会員証を発行します。
> 　　　　　　　そのまま施設ご利用できます。
> 　　　　　　　※仮の会員証は一週間以内に会員証と交換ください。
>
> こちらはお役に立ちましたか？
>
> [役に立った!]　[わかりにくかった]

イラスト、動画、表は必須の場合に限る

　FAQのAには、ユーザーの理解のために原則テキストのみにします。イラスト、動画、表は、次の場合を除いて不要です。

・イラスト、動画、表があることで瞬時に理解できる場合

・イラスト、動画、表がないと理解が困難な場合

　イラスト、動画、表は、テキストよりも存在感が大きく、1つあるだけでもユーザーの目をひきます。目を引くことがユーザーの理解や問題解決の助けにもなると考えがちです。たしかにさまざまなコンテンツ制作においては使いようによってはユーザーの理解の助けになります。その反面、イラスト・動画・表の品質が良くないと逆効果です。

　図3-5は、FAQでテキストの説明だけではなくイラストを用いて料金体系を表している例です。

図3-5　　イラストを使用したわかりにくいFAQの例

Q.　AAAサービスの料金の規定について教えてください。

A.　AAAサービスは通信でご利用されたデータ量（MB単位によって）段階的に料金が変わります。
　　基本料金の2890円（税別）は毎月同じですが、基本料金でカバーできるご利用データ量5GB
　　を超過した場合500MBごとに500円（税別）の追加料金がかかります。
　　もしオプションで「ご利用特盛プランA」基本料金+3890円（税別）に加入されている場合、
　　最大ご利用データ量は5GB+10GBです。
　　ご利用データ量が15GB以内の場合は、翌月に持ち越すこともできます。
　　ご利用データ量が15GBを超えた場合、500MBごとに250円(税別)の追加料金がかかります。

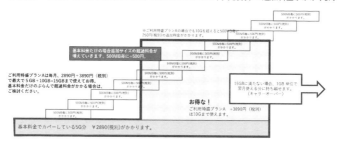

　本文説明だけではなく、イラスト内にも文字が多数書き込まれています。テキストでの説明に加えてイラストとそこに書かれているテキストも理解しなければならないので、ユーザーにとっては時間を取ることになります。そもそもイラスト自体がわかりやすいとは言えません。イラストがあっても理解に時間がかかったり不安が残ったりすると、難しく役に立たないFAQという判断になる可能性があります。

　図3-6は、テキストの説明に加えて表で料金体系を表しています。ユーザーはこういった表を目にした場合、記載されている内容を理解する以前に表の見方をまず理解しなければなりません。表は製品仕様などを提示するのにはきれいにまとめられてよいのですが、決まった型というものはあ

図3-6　　　表を使用したわかりにくいFAQの例

Q.　AAA サービスの通信使用料と料金の規定について教えてください。

A.　AAA サービスは通信でご利用された容量（MB 単位）によって段階的に料金が変わります。
　　基本料金の 2890 円（税別）は毎月同じですが、基本料金でカバーできるご利用容量 5GB
　　を超過した場合、500MB ごとに 500 円（税別）の追加料金がかかります。
　　もしオプションで「ご利用特盛プラン A」基本料金＋3890 円（税別）に加入されている場合、
　　最大ご利用容量は 5GB＋10GB です。
　　その場合、ご利用料が 15GB 以内の場合はまでは、翌月に持ち越すこともできます。
　　ご利用量が 15GB を超えた場合、500MB ごとに 250 円（税別）の追加料金がかかります。

料金	ご説明	基本料金プラン	ご利用特盛プラン A
基本料金	基本料金は必ずかかります。基本料金でカバーするのは、ご利用通信サイズ 5GB までです。	¥2,890（税抜き）	¥2,890（税抜き）
ご利用特盛料金			¥3,890（税抜き）
超過料金 1	超過料金は 500MB ごとに 500 円が超過料金としてかかります。	5GB 以上お使いの場合超過利用金がかかります。	料金はかかりません。
超過料金 2	超過料金は 500MB ごとに 250 円が超過料金としてかかります。ただしご利用特盛プランの方のみです。	5GB+15GB を超えた場合かかってきます。	5GB+15GB を超えた場合かかってきます。例えば、180GB ご利用の場合は、¥2,890+¥3,890+（¥250x6）=¥8,280（税別）です。
備考	※ご不明な点がありましたら、店舗にてお尋ねください。	例えば 7GB ご利用の場合は ¥3,890（税別）になります。	15GB を満たない利用容量の場合は、1GB 単位で翌月に持ち越すことができます。例えば当月 13GB 以内なら、2GB 翌月同料金で使用できます。キャリーオーバーは翌月までです。

りません。したがって構成はそれを作る人の感覚に任せられ、それがユーザーにとってわかりにくい場合もあります。

　この例では、せっかく表にしているのに各枠内の説明が多くなってしまっています。またユーザーは表の外に書かれている内容も併せて読み、情報を頭の中で整理するなど、やはり理解のための時間を取ってしまいます。

　イラストや表をAに使う場合は、ユーザーの手元にあるものをイラストにしてユーザーがAの解説と自分の目の前にあるものを比較できると有効です。たとえば目の前のスマホアプリなどです。イラストでも表でも必要最小限のシンプルなものにします。見るだけで解説がほぼ不要なものが好ましいです。

　図3-7では、上記のわかりにくいイラストを改善しています。**FAQ**なのでユーザーが最も知りたい点に焦点を当てて説明し、イラストもシンプルです。

図3-7 イラストを使用したFAQの例

Q. AAA サービスの通信使用料と料金の規定を教えてください。

A. AAA サービスは2 つのプランがご利用できます。
毎月9GB 以上使う場合はご利用特盛プランがお得になります。

■基本料金プラン ¥2,890（税抜）

通信量 5GB まで
超過 5GB 以上使った場合、500 円／500MB ごとを追加ご請求

■ご利用特盛プラン ¥6,780（税抜）

通信量 15GB まで
超過 15GB 以上使った場合、250 円／500MB ごとを追加ご請求。
繰越し ご利用が14GB 以下の場合、15GB に満たない分は、1GB 単位で翌月
繰り越されます。

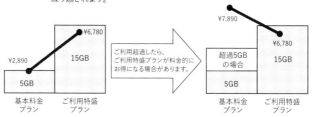

　このFAQ の場合はそれぞれの料金プランをまずテキストで表し、料金の違いだけを図示しています。テキストとイラストは情報としては重複していません。テキストで書かれた情報について、シミュレーションのようなものをイラストで示しています。ユーザーはこの内容で過不足なくわからないことが解決できます。

　図3-8は、表を使ったFAQ の改善例です。表はやはり料金のシミュレーションを表しているだけです。それによってご利用通信サイズによる料金の違いをシンプルに表しています。

　ユーザーとしては契約時に選択できる2つの料金の違いを知ることができればよいので、こちらの情報で十分です。

　FAQ の回答情報として動画を使うのも、ユーザーが問題を解決するのに必須の場合に限ります。動画にはテロップ、音声解説、BGM は極力付けずシンプルで短いものにします。こういったものは動画を提供する側にとっては親切心かもしれませんが、ユーザーにとってはそれらもすべて情報処理の対象です。刻一刻と変わる動画を見つつテロップに書かれている文字

図3-8　　表を使用したFAQの例

Q.　AAA サービスの通信使用料と料金の規定を教えてください。

A.　AAA サービスは2 つのプランがご利用できます。
　　毎月9GB 以上使う場合はご利用特盛プランがお得になります。

　　■基本料金プラン　　¥2,890（税抜）

　　※通信量　　　5GB まで
　　※超過　　　　5GB 以上使った場合、500 円／500MB ごとがかかります。

　　■ご利用特盛プラン　　¥6,780（税抜）

　　※通信量　　　15GB まで
　　※超過　　　　15GB 以上使った場合、250 円／500MB ごとがかかります。
　　※繰越し　　　ご利用が14GB 以下の場合、15GB に満たない分は、1GB 単位で翌月に
　　　　　　　　　繰り越されます。

使った容量	基本料金プラン	ご利用特盛プラン A
20GB　⇒	¥17,890	¥9,390
15GB　⇒	¥12,890	¥6,890
10GB　⇒	¥7,890	¥6,890
5GB　⇒	¥2,890	¥6,780

　列も同時に理解しなければいけないという負担を強いています。説明が必要な場合はやはり動画内ではなくAの本文中に記載します。

　なお、動画の音そのものが問題の解決に必要な場合は、ユーザーが視聴前に気付くようにAの本文中に「音が出ます」といった注意書きを付けます。そのことでユーザーは動画再生前にイヤホンを付ける、音量を調整しておく、周りの人がいない場所に移動するなどの準備ができます。このようにAに動画が必要な場合、閲覧するユーザーの状況に配慮する必要があります。

　イラスト、動画、表は、制作上でも管理上でも、テキストに比べて圧倒的に手間がかかります。いずれにしてもWebサイト制作の知識とスキルは必要です。イラスト、動画についてはそれらそのものの制作が必要であるとともに、もし修正しなければならなくなった場合も手軽ではありません。

FAQの検索性を良くする

　FAQの検索性が良いということは、ユーザーがワード検索で該当のFAQを見つけるまでが早くなるということです。またユーザー自身が目視でFAQ

を見つけるときにも、文に含まれている単語や語句がユーザーの頭の中にあるキーワードと一致すれば、FAQを選びやすくなります。

　FAQの検索性を良くするためには、FAQの文そのものに、FAQ検索システムから検索ヒットするキーワード（語彙）が含まれていることが必要です。

◀ Before

Q1：手数料はいくらですか。

Q2：テレビが映らない。

Q3：サービスはいつからですか。

Q4：サイトに入れないのですがどうしたらいいですか。

Q5：会員になるにはどうしたらいいですか。

▼

After ▶

Q1：AAA会員ですが自己都合で品物を交換したいときの手数料を教えて。

Q2：テレビの電源をONにしても、音は聞こえるが画像は出ない場合の解決策を教えて。

Q3：BBBサービスを使える日時を教えて。

Q4：CCC会員サイトにアクセスするとエラー『E0031』が表示される。対処を教えて。

Q5：XXX会員の申し込みに必要な条件と書類を教えて。

　ご覧のとおり、Before より Afterのほうが単語や語句が豊富です。単語や語句という的（まと）が多いので、FAQ検索システムからのヒットする確率が増えます。またこういった単語や語句があるおかげで文そのものが具体的です。それがユーザーのイメージするものと近い場合、検索されたQリストからユーザーがFAQを選ぶことができます。

　Beforeにある Q の文のように単語が少なくても同義語やメタタグといった検索補助テキストを設定しておくことで検索ヒットさせることはできます。しかし検索されたQリストをユーザーが見たときに、イメージする単語や語句がFAQの文中に見えていることで、ユーザーはクリックに自信が持てます。

分析性を良くする

　上記のような具体的で一意な文は、6W1Hを意識して作文すれば書けるようになります。またそのように書いておくことでFAQ運営での利用分析上、たいへん有意義なデータを得ることができます。

▶ Before

Q1：注文後に交換できますか。

Q2：色が違う。

Q3：品物が来たのですが大きさが違う。どうしたらいいんですか。

Q4：色が気に入らないのでキャンセルしたい。返金できますか。

Q5：交換の手数料について

▼

◀ After ▶

Q1：商品を受け取ったがサイズが合わない。サイトでの交換手順を教えて。

Q2：商品を受け取ったが色が違う。サイトでの返品手順を教えて。

Q3：商品を受け取ったがサイズが違う。サイトでの交換手順を教えて。

Q4：商品を受け取ったが気に入らない。サイトでの交換手順を教えて。

Q5：商品を受け取ったが自己都合での交換手数料を教えて。

Q6：商品を受け取ったが発送ミスでの交換手数料を教えて。

　FAQサイトでは、FAQ検索システムを導入していてもしなくてもユーザーのFAQクリックはそれぞれの閲覧数として自動記録できます。記録された数値自体が、カスタマーサポートへユーザーが問い合わせてくる状況や理由を分析するうえで非常に有益な数値です。上記2つのQリストを比べた場合、BeforeのFAQで集計される数字と、Afterで集計される数字では運営上での価値はまったく違います。

　たとえばBeforeのQ1の閲覧数に着目すると、商品を注文後に交換したいユーザー数の傾向はわかります。しかしなぜ商品を交換したいか、交換のきっかけは企業側のミスが原因なのか、自己都合によるものなのかまではわかりません。BeforeのQ5も同様です。品物を交換するときのユーザーの具体的な懸念が数値として見えてきません。つまりサービスに対するユ

ーザーの評価がぼんやりとしかわかりません。

　Afterの Q ならば、クリックされる数字そのものがユーザーの状況を具体的に表しています。たとえば Q3 のクリック数からは、サイズのミスやインターネットで返品手続きをしたい人の多さや、手続きのわかりにくさの可能性が読み取れます。また Q6 の閲覧数からは、商品発送のミスの頻度が見えてきます。

　このように Q の書き方の質を高めておくことで、それぞれの Q のクリック数がこの企業の商品サービスに関する評価として分析できるのです。これは VOC ログの分析、コンタクトリーズン分析の一環としても使えます。もちろん FAQ の運営指針にも役立ちます。

3-4
FAQの完全性

　構築フェーズにおいて、FAQ の制作は最も時間をかけてできるだけ良質なものを準備する重要な作業です。そのために前段階の VOC ログの収集、コンタクトリーズン分析についてもしっかり行います。VOC ログを収集したり、コンタクトリーズン分析を行ったり、コールセンター対応のオペレーターと話し合ったりするにつれて、FAQ の数がどんどん増えることもあります。さらに FAQ そのものの書き方についてもリリースまでに何度も推敲を繰り返す必要があるでしょう。

　一方であまり完璧にしようと思うと、リリースまでの時間が長くなることや当初から FAQ が増えすぎるという懸念があります。FAQ は完璧なものは作れませんし、完璧な数をそろえることもできません。なぜなら FAQ を評価するのはユーザーなので、ユーザーの利用状況を見ないと実際に良い FAQ なのか、つまり問題を解決できるかはわかり得ないのです。それはリリースして状況を分析してはじめてわかってきます。

　そのためにも、リリース後（推進フェーズ）に FAQ を育てていくつもりで、構築フェーズは対応します。またそのためにも推進フェーズにおいて FAQ の分析とメンテナンスをスムーズにできる質の FAQ の準備、体制と環境がとても大切になります。

3-5

FAQ検索補助テキストの制作

検索補助テキストは、FAQサイトでユーザーがFAQをワード検索する場合に、検索ヒット率を高めるためのものです。検索補助テキストには、同義語辞書とメタワード（メタタグ）がありますが、それらのしくみついては第2章で説明したとおりです。

なお本書ではこれら検索補助テキストを同義語辞書やメタタグと表していますが、これらはベンダーによって呼び方が異なります。

FAQ検索システムを導入すると、検索補助テキストを活かす機能が付いています。FAQ検索システムを導入しなくても、専門のWeb制作者に依頼すれば独自に同義語やメタタグで検索できるFAQサイトを構築できます。

同義語辞書を準備する

同義語検索は全FAQに対して有効です。準備したFAQに使われている単語や語句に対して同義語辞書を作ります。同義語辞書には、単語に対して同じ意味となる複数の単語や語句が設定できます。ただし複数の単語に対して同じ同義語を設定すると、システムが効果的に動かないばかりか管理上も複雑になりますので気を付けます。同義語辞書にどのような言葉が含まれているかはユーザーにはわかりません。

表3-1が、同義語辞書のテーブルのイメージです。表のID 1を例にとると、「スマホ」という単語に対して「スマートフォン」「Smart Phone」「すまーとふぉん」「すまほ」といった同義語が設定されています。こちらのテーブルでは複数の同義語はスラッシュ「／」で区切られていますが、区切り文字はFAQ検索システムによって異なります。　FAQサイトでユーザーが目にするすべてのFAQの単語は統一するのが原則です。同義語を設定する場合もそれは同じです。表に示す「単語」がユーザーが目にするもので、「同義語」はユーザーからは見えません。

表3-1　　同義語辞書のテーブルのイメージ

ID	単語	同義語
1	スマホ	スマートフォン／ Smart Phone ／すまーとふぉん／すまほ
2	Wi-Fi	ワイファイ／ wifi ／ WIFI ／わいふぁい／無線 LAN ／無線ラン
3	振込	お振込み／振り込み／振込み
4	パソコン	パーソナルコンピューター／ PC ／ pc
5	Web	インターネット／ウェブ
6	冷凍食品	れいとう食品／レイトウ食品／冷凍品／れいとうひん
7	送料	送り賃／送賃／送付料金／配達料金／そうりょう

　なお、同義語辞書の設定の仕様として、全角や半角、大文字や小文字といった区別がFAQ検索システム側で必要かどうか確認を先にしておきます。コンピュータでは、基本的に全角や半角、大文字や小文字は別のテキストとしてとらえられます。たとえば次のテキストはコンピュータからするとすべて異なるものです。

・FAQ

・faq

・ＦＡＱ

・Faq

・ｆａｑ

・Ｆａｑ

　FAQ検索システムによってはこういったものも含めて、人が見て同じものと認識する単語はすべて同じものとして認識してくれる（吸収してくれる）ものもあります。

　またFAQ検索システムによっては、同義語辞書をはじめから備えているものもあります。そういったFAQ検索システムはどの企業も共通で使えそうな同義語辞書をクラウドに持っていることが多く、逐次更新もしています。そういったFAQ検索システムを利用する場合は、FAQ運営者はその中にないものだけを設定すればよいのです。

　なお全FAQで使われている単語や語句すべてに対して同義語を設定しておく必要はありません。ユーザーがワード検索する言葉が多いものから優先的に準備し充実させていきます。これも推進フェーズでの運営分析で見極められます。

メタタグを準備する

　メタタグは特定のFAQについてのみ有効に検索を補助します。同義語辞書は全FAQで使われている単語や語句に有効なのに対して、メタタグはFAQ1件1件に対して個別に設定します。つまり特定のFAQに対して検索ヒットさせたい言葉をメタタグとして設定できます。なお、同義語同様メタタグもユーザーからは見えません。

　同じ言葉をメタタグとして複数のFAQに付けると、その言葉でワード検索することでメタタグを持った複数のFAQが検索ヒットします。全角や半角、大文字や小文字といった区別に関する考え方は同期語辞書と同じです。また同義語同様FAQ検索システムが吸収してくれる場合もあります。

　メタタグの考え方は、実質的な言葉の意味を意識する必要がありません。検索ヒットさせたいFAQとは関係なさそうな言葉でも設定できます。特別な言葉で特定FAQをユーザーに見つけてほしい場合などに、FAQ運営者が恣意的にそのように設定します。

　表3-2が、FAQごとにメタタグを設定したイメージのテーブルです。

表3-2　　FAQごとのメタタグのイメージ

ID	FAQ	メタタグ
Q1	ケガで数日入院時の医療費を知りたい。	2日／3日／4日／5日／けが／治療費
Q2	ケガ、病気で数日入院時の医療保障内容を知りたい。	2日／3日／4日／5日／けが／治療費
Q3	入院お見舞金の請求をネットでするためのサイトを知りたい。	給付金／URL／退院／手続き
Q4	入院お見舞金の請求をネットでするための準備を知りたい。	給付金／URL／書類／退院／手続き
Q5	積み立て型保険の満期で受け取れる額を知りたい。	お楽しみ保険／支払い／満額／ご請求

　例にとると、「Q1：ケガで数日入院時の医療費を知りたい。」というFAQに対して、2日／3日／4日／5日／けが／治療費といったメタタグが設定されています。このことでQ1自身に含まれる単語や語句以外でも、2日／3日／4日／5日／けが／治療費といったワード検索でQ1は検索ヒットします。なお、こちらのテーブルでは複数のメタタグの単語はスラッシュ「／」で区切られていますが、区切り文字はFAQ検索システムによって異な

ります。

　またメタタグに設定されている単語に対してさらに同義語設定をしたい場合は、同義語となる単語をメタタグに追加するか、それ自体を同義語辞書に設定するなどできます。ただ検索補助テキストどうしの入り組んだ設定は、管理を複雑にしてしまう可能性があります。FAQコンテンツの構成段階で、同義語とメタタグの使い分けを計画することをお勧めします。

検索補助テキストの完全性

　ここで述べている検索補助テキスト（同義語やメタタグ）は、FAQの検索ヒット率を上げるためにいくらでも設定できます。そのため検索率の高さを目指すために、検索補助テキストに設定する単語の収集や選定作業に、FAQサイトのリリース前に時間をかけてしまいがちです。

　しかしリリースの前段階においては、その作業に時間をかける必要はありません。明らかに同義語やメタタグとすべきものを除いては設定しておかなくてもよいです。検索補助テキストは、リリース後の推進フェーズにおいてユーザーの利用状況を分析しながら必要において追加していくほうがより効果的です。

　また当初からたくさんの検索補助テキストを登録すると、かえってメンテナンスが煩雑になります。FAQサイトはFAQ、検索補助テキスト含め必要最小限のコンテンツでスタートします。

3-6

FAQのカテゴライズとカテゴリ制作

　FAQのカテゴライズについての基本的な知識は第2章で説明しました。FAQのカテゴライズとは、制作したFAQを分類し特定のルールに従ったグループに分けておくことです。分けられたグループ一つ一つをカテゴリと呼び、それぞれにカテゴリ名を付けます。

　カテゴリはFAQサイトにおいてユーザーが特定の分類のFAQを絞り込むために使われます。またカテゴライズしておくと、推進フェーズではカテゴリ単位での分析メンテナンスができます。

カテゴリの数と階層

　カテゴリは、PCでファイルを納めるフォルダと似ています。フォルダ構造同様に、カテゴライズする数にも階層の深さにも、特に制限がないことがほとんどです。ただしカテゴリ数も階層もできるだけ少なくすることがお勧めです。

　ユーザーは、カテゴリを使って無数にあるFAQを絞り込みます。ユーザーが選んだカテゴリの下にさらに複数のカテゴリがある場合は、またそこから適当なカテゴリ名を選ぶ必要があります。カテゴリの階層や数が多いほど、求めるFAQにたどり着くまでのユーザーの操作は多くなってしまいます。カテゴリの階層や数が少ないことはユーザーに手間をかけないことになります。

　特にFAQサイトが一般公開向けの場合、カテゴリ数は8個以内にして階層は1階層のみが理想です。8個以内という理由は、一般の人が瞬間的に記憶できる数はせいぜい8個前後で、その数を超えると選択の遅れや迷いが一気に増える可能性が高くなるからです[注3]。これは認知心理学上の定理なのですが、生活上いろいろな場面で応用されています。

　カテゴリ数や階層が少ないほうがよいもう一つの理由は、運営の利便性のためです。カテゴリ数や階層が多いほどFAQ運営者も負担が多くなります。

　まずカテゴリ名は、ユニーク(一意)にカテゴライズごとの違いを明確にする必要があるので命名に悩みます。カテゴリ数が多すぎると、そのパターンのアイデアが尽きてきます。

　次にカテゴリの数や階層が多いこと自体で管理が面倒になります。たとえば新たにFAQを追加した場合にどのカテゴリのどの階層に属させるかといった検討をしますが、カテゴリ数が多いほど新しいFAQを所属できそうなカテゴリが増えます。選択肢が多いことで作業が増えることは日常でもよくあります。ユーザーにとっても運営者にとっても操作や作業の選択肢は少ないほうがよいのです。

注3　George Armitage Miller, "The magical number seven plus or minus two: some limits on our capacity for processing information.," *Psychological Review*, 63(2, 1956, p.81-97
　　　人がごく短い時間で記憶できるものごと数は7個プラス、マイナス2程度であることを発見しました。「ミラーの法則」(*Miller's law*)とも呼ばれます。

カテゴリ名の付け方

　カテゴリの命名は、FAQの作文と同様ユーザー視点で行います。カテゴリとその配下のFAQとの関連性は必須です。カテゴライズはQの文をヒントにし、カテゴリ名もFAQをイメージできるものにします。ユーザーはカテゴリを選んだときにリストされるFAQについて、カテゴリとの関連を再確認するからです。

　またカテゴリ名そのものも、企業視点での命名(サービス名、業務による分類)だとユーザーにはわかりにくい場合が多くなります。カテゴリ名はできるだけ多くのユーザーが直感的に理解できる命名にします。ユーザー視点でのカテゴリ名として、ユーザーが行う手続き系、ユーザーが支払う料金系、ユーザーがこうむったトラブル系、ユーザーがしたい操作手順系、ユーザーがわかるサービスや機能系といったように、ユーザーを主語にして考えます。もちろんFAQサイトに掲載する際は「ユーザー」という言葉は省いてもかまいません。

　カテゴライズされたFAQは、カテゴリ名が付いたドアの後ろに隠れていることになります。ユーザーにドアの向こうのFAQをイメージできるカテゴリ名にしなければいけません。

　カテゴリ名として良くないのは、次のようなものです。

・企業視点でのカテゴリ名
　　ユーザーには親近感がない可能性がある

・大まかなカテゴリ名
　　FAQを絞り切れないと思わせる可能性がある

・ほかのカテゴリと似たカテゴリ名
　　ユーザーが迷う可能性がある

　以下によく見かける良くないカテゴリ名の例とわかりにくい理由を述べます。

・「お手続き」
　　ユーザーが考える「お手続き」とは異なる可能性がある

・「よくある問い合わせ」
　　よくある問い合わせに何があるかユーザーにはイメージできない

・「サービスについて」
　　FAQサイト自体がサービスについての問い合わせ

- 「お得なサービス」
  「お得」は主観的表現。ユーザーによって解釈が異なる

- 「お困りごと」
  FAQサイト自体が困りごとや知らないことの集まり

- 「お知らせ」
  探しているものがお知らせにあるかどうかユーザーにはわからない

- 「最新FAQ」
  最新が何かはユーザーにはわからない

- 「その他」
  全カテゴリ名が具体的ではないと、その他とは何かがユーザーにはわからない

　実例では、カテゴリ名はわかりやすいのにユーザーが迷ってしまうようなカテゴライズをしている場合もあります。

　たとえば「各種変更について」「移転やお引越しに関する問い合わせ」というカテゴリが並んでいると「移転で住所変更になる」状況のユーザーにとっては選択に迷います。同様に「ATM」「料金」というカテゴリが並んでいると「ATMでの振込手数料」を知りたいユーザーにとってはやはり選択に迷います。

　このようにカテゴリをユーザーにとって選びやすく迷わないようにするには、FAQ運営者は知恵を絞らないといけません。8個以内であってもユニークな命名をするのはなかなか苦労します。

　このようにカテゴライズや命名は簡単ではありませんが、熟考することでユーザーはFAQをしっかり絞り込めるようになるので制作と推敲の時間をある程度取る価値があります。

カテゴライズの完全性

　FAQ同様、カテゴライズについても考えようによっては自由にいくつでも準備できます。しかし上記した原則に従って準備しないと、ユーザーにとっては使いにくく、FAQ運営者にとっては管理しにくいものになります。自由に設定できるがゆえに、かえって質を下げてしまうことがあるのです。

　とはいえ、構築フェーズの段階で完璧を目指す必要はありません。最低限のルールに従ってある程度時間をかけて設定したら、あとはリリース後に良くしていくという方針でかまいません。こちらもFAQコンテンツと同様ですが、実際の良さはユーザーの利用状況を分析して初めて明らかになります。つまり本当に使いやすいものは、企業が判断するのではなくユー

ザーが判断します。

そのためにはリリース後にもカテゴライズやカテゴリの更新などをすばやく柔軟にできる体制と環境の準備が必要です。また無理のかからないスモールスタートという考え方について第5章で述べます。

3-7

FAQサイトの設置

FAQサイト、FAQ検索システムの設置について述べます。基本的にFAQ検索システムを導入することも導入しないことも意識して述べているので比較しながら参考にしてください。

FAQサイトの構成

FAQサイトの構成について述べます。FAQサイトに必須なものは、実はFAQだけです。それ以外にあると便利な要素は次のようなものです。

- ユーザーがFAQを検索するしくみ(ワード検索)
- ユーザーがFAQを絞り込むしくみ(カテゴリ検索)
- FAQ運営者がFAQ利用状況を分析するしくみ
- FAQ運営者がFAQをメンテナンスするしくみ

なお、これらのしくみはほとんどのFAQ検索システムに備わっています。それらのしくみのUIをFAQ検索システムでどのように構成するかについては、ベンダーがシステム仕様の範囲でいくつかのパターンで提案してくれます。企業側は、それらを取捨選択して必要な構成を決めていきます。第2章で述べたFAQ検索システムについて必要な機能を吟味しておけば、それほど時間がかかる作業ではありません。

FAQ検索システムを導入しなくても、Web制作の知識があれば自社でFAQ検索システムのようなしくみのFAQサイトを制作・開発することは可能です。その際はユーザー用のしくみだけではなく、FAQ運営者(管理者)用のしくみを必ず作りこんでおきます。管理者用のしくみは、推進フェーズでの分析とメンテナンスで有用になるからです。そのため管理者が手間をか

けず分析とメンテナンスできることが大切なのです。

　またユーザー視点では、FAQ検索システムの導入いかんにかかわらず、Web検索からでも個々のFAQにたどり着けるオーガニック検索の処置や、スマホでも見やすいような処置(レスポンシブ)は必須です。

FAQ検索システムの設定

　FAQ検索システムを導入する場合、第2章で述べたことがらをあらかじめ決めておけば企業のFAQ運営者が作業することはあまりありません。設置作業はベンダーが対応します。FAQ検索システムにとってはFAQはコンテンツで、設置したばかりのタイミングではもちろんコンテンツは入っていません。したがってベンダーにシステム設置してもらったら、サンプルのFAQも投入してもらいます。そしてFAQ検索システムのUIがユーザーにどのように見えるのか、あるいはどのような操作ができるのかなど一通り確認しておくとよいでしょう。

　FAQ検索システムを導入しない場合は、一般的なWebサイトを作成するのと同じ要領で制作が必要です。その際も、上記した必要な構成を中心に検討して設定します。独自のFAQサイトの場合は、ユーザーがFAQを検索するしくみから、FAQ運営者がFAQの利用状況を分析しメンテナンスするしくみまですべて制作が必要です。時間もかかり先行投資も大きくなるでしょう。ある程度の数のFAQがあり利用するユーザーも多くなるようであれば、FAQ検索システムを導入したほうが結果的には費用が安く済む可能性があります。

3-8

FAQコンテンツの搭載とレビュー

　初期のFAQコンテンツがそろったら、これらをFAQサイトに投入し、さまざまな検証(レビュー)をします。FAQサイトへの投入そのものは、決められた仕様に従えば難しくはありません。特にFAQコンテンツの投入に時間をかけずスムーズに行うためにも、FAQ検索システムを検討することも多いです。推進フェーズでもまとまったFAQコンテンツの投入やメンテナ

ンスがたびたびあるので、手軽に行える環境はやはり重要です。FAQ検索システムを導入する場合は、FAQコンテンツ一式をシステムが指定するフォーマットに合わせれば一括投入もできます。

　FAQ検索システムを使用しない場合は、Webサイト製作者の指示に従いHTML形式やMarkdownなどにしておく必要があるでしょう。

FAQサイトの見ためのレビュー

ユーザビリティのレビューはWebデザイナーも巻き込む

　コンテンツをFAQサイトに投入することで、ユーザーはブラウザを通じてFAQの閲覧、検索、絞り込みができる状態になります。またFAQ運営者もブラウザを通じてFAQの利用分析や編集（メンテナンス）といった一連の管理作業ができる状態になります。

　まずユーザーの視点でFAQサイトの見た目を確認します。当然ながらFAQをExcelなどで制作していたときとは見え方がまったく違っています。FAQサイト全体のパーツのレイアウト、ボタン、配色、フォント、行間などそれぞれがユーザーに利用されることを意識した形態になっています。

　FAQサイト全体の画面を見たとき、なんとなく面倒そうだとか、迷ってしまいそうだとかを感じさせない構成やデザインが良いです。つまりユーザーの視点を意識しユーザーが問題解決に集中できるかどうかを想像するのです。そのためには、FAQサイトはシンプルな構成やデザインがお勧めです。操作についてユーザーが考えたり迷ったりあまりせずにすぐに検索できるか、あるいはユーザーがFAQを選択しやすいかなどをレビューします。

　上記のことを考えると、FAQサイトの見た目については社内外のWebデザイナーを巻き込むことをお勧めします。WebデザイナーはWebサイトでのユーザビリティやユーザーのコンバージェンスを高めることに関してはプロなので、優れたアドバイスを提供してくれます。もちろんFAQ検索システムのベンダーにも相談できます。

ユーザビリティを下げる可能性がある些細な点

　意外と気付かれないことが多いのですが、ユーザビリティを下げ、ユーザーを問題解決から遠ざけてしまう見た目というものがありますので述べ

ておきます。

たとえばFAQ自体の表示です。多くのFAQサイトでは、ユーザーがFAQを見つけやすいようにQのリストになっています。Qリストはできる限り1つのFAQが1行で表示しきれたほうがユーザーにとって視認性が良いです。一つ一つのQを見たときに、文が途中で改行されていないか、途中で切れていないか、QとQの行間などが読みやすいかなどをチェックします。たとえばQが画面上で途中から切れて「……」となっているのは、Qの文が長いせいです。短文化を検討するか、FAQ検索システム側で少なくともFAQの文が途切れないように調整してもらいます。

Aの表示は、QをクリックすることでQのすぐ下に展開（アコーディオン表示）されたり画面がブラウザの別タブに遷移して見えたりと、FAQ検索システムによってさまざまです。こちらも読みやすさやレイアウトなどをチェックします。図を入れた場合は図の大きさが適切かなども見ます。Aのレビューは、一般的なWebサイトでの情報の見え方をレビューするのと同じです。

要するにQとAが、ユーザーにとって読みやすく掲載されていて問題解決に集中できるかという視点がとても重要です。レビューして気になる点は迷わず改善します。ユーザーやFAQ運営者の立場で試し操作します。また上記同様Webデザイナーを巻き込むのもよいでしょう。そして気になる点があればFAQやサイト・システムの設定を調整します。

FAQのワード検索のレビュー

ワード検索のレビューとは、FAQ制作者が意図したとおりのFAQが抽出されることの確認です。FAQの検索性能は、FAQサイト（FAQ検索システムまたは独自制作）の仕様と準備したFAQコンテンツの質の組み合わせに左右されます。その組み合わせによっていろいろな検索結果のパターンが考えられます。全パターン（全ワードではない）について期待どおりにFAQが抽出されるかをチェックします。

たとえばワード検索のレビューとして次のようなものが考えられます。

❶1ワードで検索したワードと一致する単語が含まれるFAQがすべて抽出される

❷2ワード以上で検索したすべてのワードと一致する単語が含まれるFAQがすべて抽出される

❸1ワードで検索したワードの同義語が含まれるFAQがすべて抽出される

❹2ワード以上で検索したすべてのワードの同義語が含まれるFAQがすべて抽出される

❺1ワードで検索したワードと一致するメタタグを持つFAQがすべて抽出される

❻2ワード以上で検索したすべてのワードと一致するメタタグを持つFAQがすべて抽出される

　また、次のレビューは準備するFAQサイトのワード検索仕様にもよります。

❼ワード検索で抽出したFAQリストに対してさらに追加でワード検索し、期待したFAQがすべて抽出される。結果として最初の検索と2度目の検索で使った複数ワードでand検索したのと同じになる

❽自然文でワード検索し、文に含まれるワードすべてが一致する単語を含むFAQが抽出される

❾上記に対して同義語やメタタグも考慮して検索結果が期待したとおりになる

　なお、上記のレビューはすべて、以下の2つの仕様が前提です。

・ワード検索での対象をQにしていること
・複数のワードで検索する場合はand検索方式を使っていること

　ワード検索のレビューは、FAQサイトの検索のしくみが正常に動作していることを確認できればよいので、搭載したすべてのFAQについて実施する必要はありません。構築フェーズのテスト期間に合わせて、いくつかのFAQを抜粋して検索できることを確認できれば、FAQサイトのワード検索機能としては確認できます。

　❽❾で示したように、もしFAQ検索システムが自然文検索機能（形態素解析機能）を備えていてそれを利用したい場合は、次のようにレビューします。

・使っているFAQ検索システムで、入力した自然文から抽出される単語は何かをチェックする。この場合抽出される単語が複数の場合もある
・ワード検索を実行して、上記の単語をすべて含むFAQが期待どおりに抽出されることを確認する
・自然文から抽出された単語の同義語についても同様にFAQが抽出されることを確認する
・自然文から抽出された単語のメタタグについても同様にFAQが抽出されることを確認する

　もちろんすべての自然文をワード検索することは無理なので、ワードが1つだけが含まれる自然文、ワードが複数含まれる自然文などいくつかのパターンを使って、上記のように単語の抽出とFAQ検索を確認します。

　FAQのワード検索のレビューをしてみて期待どおりの検索結果にならない場合の問題切り分け方法としては、

・一致する単語数を減らしてみる

・同義語やメタタグを取り除いて検索してみる

・FAQと同義語だけにして検索してみる

・FAQとメタタグだけにして検索してみる

というように検索対象をシンプルにして検索の再テストをしてみると原因がわかってきます。ワード検索そのものはシンプルなしくみですので、期待どおりにならない場合の問題切り分けや解決もそれほど難しくはありません。

カテゴリ絞り込みのレビュー

　カテゴリのレビューは、まずFAQサイトに並んでいるカテゴリにユーザーが選択に迷うようなカテゴリ名がないかをチェックします。このチェックは感覚的なものになるので、FAQ製作者やカテゴライズした人以外も実施するとよいでしょう。

　FAQサイトにカテゴリを構成したあと、カテゴリ自体の見た目が悪くなっていないかをチェックします。たとえばカテゴリ名が途中で改行されていたり、枠に納まらず途切れていたりしたら修正します。まずはシステム側でレイアウトやスタイルシートを調整し、カテゴリ名が見やすく表示できるようにします。FAQ検索システムを導入していてもしていなくても考え方は同じですが、カテゴリの修正はFAQ運営者でも簡単にできる仕様のものが望ましいです。

　そしてあらかじめ設定したカテゴリどおりにFAQが絞り込めるかをチェックします。こちらもしくみはシンプルなのでレビューも簡単です。全パターンのカテゴリで期待したとおりにFAQ群を絞り込めるかチェックするのも時間をかけずにできます。

　マルチカテゴリ（1つのFAQが複数のカテゴリに所属する）の場合でも、同

様に意図したとおりにFAQ群が絞り込めるかチェックします。

　なおカテゴリのレビューは、カテゴリ数や階層が多くなるほど煩雑になります。

ログや分析値のレビュー

　FAQ検索システムの導入いかんにかかわらず、ユーザーのFAQ利用状況に関する分析値が自動で取得可能なので、それらが期待どおり正常に取得できているかをチェックします。FAQサイトリリース後の推進フェーズでは、ユーザーのFAQ利用状況に関するログや分析値が、運営における判断とメンテナンスの頼りのKPIの元になります。データが取れているかだけではなく、正確にデータや分析値が取れていることが重要です。

　そのために実際ユーザーに成り替わってFAQを検索したり閲覧したりして、操作がすべて分析値に反映されているかをチェックします。推移の確認や大量の操作が必要な分析値のチェックは時間が必要ですので、数日かけてチェックします。

　FAQ検索システムを導入する場合は、分析のレビューの一環として、提示する分析値自体の見かたを前もってしっかり学んでおきます。その学習は時間をかけてでも実施しなければなりません。そうしておくことで、リリース後分析値が正しくない場合などに理論的検証ができ、ベンダーにサポートを依頼できます。FAQ検索システムの導入のいかんにかかわらずGoogleアナリティクスを導入する場合も、その使い方や分析値の見方などしっかり学んでおきます。

　分析値は長期にわたって取得して観察するものなので、リリース後の推進フェーズでもいつもリリース前のレビューのような気持ちで見るとよいでしょう。そのため取得したい分析値やそれらの見方などのイメージがはっきりしていることが大事です。また推進フェーズで分析とメンテナンスをきちんと継続していくと、別視点での新たな分析値が必要と感じると思います。その際に「どのような理由で何が分析したい」という具体的なイメージを持てるようにしておきます。

　FAQ検索システムによっては、FAQサイトにおけるあらゆる操作ログデータ（生ログ）がダウンロードできるものもあります。ログデータを使えば、FAQ検索システムが標準で表示できる分析値以外にも、独自の分析をする

ことができます。ログデータのダウンロードのしかたや内容の見方も、レビュー段階でベンダーから学んでおきます。

編集やメンテナンスのレビュー

編集やメンテナンスのレビューとは、リリース後の推進フェーズにおいて日々行うFAQの編集やメンテナンスといった作業が意図どおりできるかをチェックすることです。またこのレビューを通じてFAQのメンテナンス手法を理解できます。特にリリース直後はメンテナンスの作業は多いため、作業をスムーズにできるようにしておくこともレビューの一環です。

たとえば、FAQサイトやFAQ検索システムの管理者画面などで行う、FAQやFAQ検索補助テキストの編集のしかたを習得します。編集のしかたは複数あることが多いので、リリース後に状況に応じて使い分けができるようにしておきます。

大切なのは、編集やメンテナンスをしたFAQがFAQサイトに期待どおり表示されるか、ユーザーが正しく検索できるかです。編集したとおりにFAQが検索ヒットされて抽出されるか、編集したとおりのカテゴリで絞り込まれるか、編集したとおりのQとAの見た目になっているかなどをチェックします。

さらに編集したFAQが編集前から持っていた分析値やログが編集後もきちんと同じFAQに紐付いて引き継がれているかなど、細かい点もチェックします。編集後も分析値が引き継がれていることは長年のFAQ運営は重要なことです。1つのFAQが長期にわたってFAQサイトに存在することはよくあります。その間の効果を追跡することは推進フェーズの日常業務だからです。

FAQサイトの見た目の微調整レビュー

ユーザーがFAQサイトを見た瞬間にFAQ検索や閲覧、問題解決を面倒だと思うようではいけません。そのためFAQサイト自体の見た目のレビューが必要なことは上記したとおりです。

さらにFAQサイトはリリース後にも容易に構成や見た目のデザインを変更したり微調整したりできることも重要です。導入するFAQ検索システム

や投入するFAQにも左右されますが、運営していてユーザーの使い勝手が悪く、そのために問題解決率に影響を及ぼしていることが判明したときに即座に修正できることが大切です。

　FAQ検索システムを導入する場合は、システムによって調整できる範囲が限られていますが、たいていのものは広範囲に細やかに調整ができます。それらの調整をFAQ運営者が自らできれば、ユーザーへの展開もすばやくなります。調整方法の習得はベンダーもサポートしてくれるのでトレーニングを受けるなど準備しておきます。

　もちろんベンダーでなければ調整できない部分もありますので、リリース前にこういった調整の依頼方法をベンダーに確認しておきます。

┃ バックアップ・リストアのレビュー

　FAQサイトリリース後の推進フェーズでの分析とメンテナンス業務の中で外せないのは、FAQコンテンツの世代管理です。世代管理とは、以下のようなことを指します。

・最新のコンテンツ（FAQやFAQ検索補助テキスト）一式を保管
・過去のコンテンツ一式も歴代にわたり保管

　推進フェーズではもちろん最新のFAQコンテンツに対して編集や削除、追加といったメンテナンスを行います。場合によっては一部のFAQを過去のものと比較したり、過去のものに戻したりする場合もあります。したがって過去のFAQコンテンツも一式保管しておきます。

　この管理のため、FAQ検索システムにはコンテンツ一式をダウンロードする機能があります。コンテンツはそれぞれ独自の形でシステム内部に収まっていますが、ダウンロードすることでFAQ運営者の手元のPCやファイルサーバ上の表計算アプリケーション（Excelなど）のファイルとして保管できます。つまりFAQ検索システムにあるFAQとは別に、手元でも同じFAQが一式バックアップされている状態にできます。

　FAQサイトを独自制作する場合でも、FAQコンテンツ一式をいつでもダウンロードし手元のPCやファイルサーバで保管するしくみは必須です。

　さらにFAQ検索システムでは、手元にあるFAQコンテンツ一式を一括アップロードできるものも多いです。手元でFAQコンテンツを編集しておき

再びアップロードすれば、FAQ検索システムでユーザーが閲覧する形に反映されます。その操作をFAQ検索システムに対してFAQをリストアするとも言います。

上記したようなバックアップやリストアがFAQ運営では重要な管理業務であることを踏まえ、これらが正常にまた正確にできることを必ずチェックしておきます。

3-9
FAQ運営のガイドライン制作

FAQ運営のガイドラインとは、特にFAQサイトリリース後の推進フェーズで必要な業務に関するルールです。ガイドラインを制定する目的は、まさにFAQサイトを通じて運営の成果を出すためのガイドをすることです。そのためには、FAQ運営者の作業にぶれがなく継続的に進める必要があります。そのルールを明示するのがガイドラインです。

またガイドラインは、FAQ運営者自身が悩んだり立ち止まったりして時間を無駄にすることなく進めるためのものでもあります。個々人の能力に依存する属人化を防ぎつつ、関係者なら誰もがガイドラインを頼りに運営を進めれば成果が上がっていくことを期待するものです。

ガイドラインには主に次のような項目が必要ですので、各項目について説明していきます。

・FAQ運営者と各役割
・FAQ運営の目的
・FAQの作文のルール
・FAQのカテゴライズのルール
・FAQ利用分析とコンテンツメンテナンスのルール
・用語・同義語
・ガイドラインの世代管理、更新のルール

なお、ガイドラインはシンプルなものが良いです。ガイドラインはFAQ運営を遂行するための拠り所ですが、それ自体の内容にボリュームがあってルールが細かすぎると次第にFAQ運営遂行が面倒になり関係者に敬遠さ

れていきます。いつでもすぐに参照できるようなページ数とコンパクトさがお勧めです。なお用語・同義語については比較的更新頻度が高いと思われますので、ガイドラインの別冊としたほうがよいです。

　記載内容は具体的で断定的にすることで、FAQ運営者が悩んだり迷ったりすることを避けられます。ここにガイドラインの骨子のサンプルも提示しますので、ガイドラインを作成する際の下敷きとなればと思います。あくまでもサンプルなのでこのとおりではなくてもかまいません。

FAQ運営者と各役割

　FAQ運営者の各役割を明記します。必要に応じて各責任者の名前も明記します。これらの役割は各業務に携わる者としてルール化します。以下に考えられる担当者を列挙します。FAQ運営では専任者がいることが望ましいです。組織の事情によっては兼任でもかまいませんが、FAQ専任者には成果を出すための判断や手法を委任することが大切です。

> **FAQライター：**
> FAQの質問文と回答文を作文する。メンテナンスでは新たにFAQを書いたり、既存のFAQの編集・推敲を行ったりする。
> ○○氏
>
> **FAQ運営責任者：**
> FAQ運営のKPIに対して責任を持ち方針を立てる。またFAQ運営がルールどおりに行えるように管理をする。
> ○○氏
>
> **FAQ分析責任者：**
> FAQの利用状況を確認、分析、メンテナンス判断材料を得る。FAQライターと連携しFAQの編集・追加を検討する。
> ○○氏

FAQ運営の目的と目標

　FAQ運営の目的と目標を明確にします。そのために指標（KPI）もあることが望ましいです。

目的

　FAQ運営を通じてユーザーの多くがWebサイトにおいて困りごとやわからないこと（問題）を自己解決できる率を極限まで高めること。また目的のために目標値を明確にして進める。

目標
- FAQサイトでのユーザーの問題解決率がコールセンター同等レベルになること
  - →KPI：回答到達率80％以上、問題解決率90％以上
- コンタクトリーズン分析に関わる時間が短縮されること
  - →KPI：コンタクトリーズン分析完了時間　1回あたり8時間以内
- コールセンターへの問い合わせをFAQが肩代わりできること
  - →KPI：FAQに関するコール数削減率　前月比5％
- 上記が達成できている場合、これを維持し続けること

　上記の記載の特徴は、目的を具体的に言語化していることと、それに対して目標がきちんと可視化できていることです。目的を言語表現しているうえに、達成したい目標値に対してKPIを設け数値で明示することで、現在値と目標達成値の比較ができます。また目標を達成していた場合でも、この状態を維持すること自体を目標にすることができます。

FAQの作文のルール

　FAQの作文および推敲のルールについて、必要最小限で明記します。文としてのQにでもAにでも使える共通のルールをまとめておきます。あまり事細かにルール化すると、FAQライターやFAQ運営関係者の作文作業に滞りが発生します。まずは基本的なことのみでよいです。

FAQ共通事項
- 英数は半角にする
- カタカナ半角は使用しない
- 同じ意味の語句は統一する（別紙用語集参照）
- 漢字、送り仮名を統一する（別紙用語集参照）
- 年号はyyyy.mm.dd形式にする（例2023.10.17）
- です、ます調で書く

Qの書き方のルール

　Qの書き方のルールは、誰がQを書いてもほぼ同じ文型になることを目的としています。基本的にFAQライターが監修します。

・文末を「〜を知りたい。」に統一する
・製品名、利用条件、状態、困りごと、知りたいことを網羅した一文にする。
・カテゴリ名を[]でヘッダにする

例文）
［支払い］〇〇サービスのメンバーだが更新料支払いのカード種類を知りたい。
［メンバーシップ］〇〇サービスのメンバーシップの種類と特徴を知りたい。
［メンバーシップ］〇〇サービスのメンバーシップ更新ができていない原因を知りたい。

・極力36文字以内にする
・記号は使用しない
・改行は入れない
・単色、単サイズにし強調などの装飾は入れない

※上記が原則的なQ作文ルールですのでこれに従ってください。文型は必ずしもこちらに当てはめられない場合もあるので柔軟な作文でよいです。

　各FAQをカテゴライズしやすいような文のルールも必要です。Qの文中にカテゴライズのヒントとなる単語を入れたり、上記のように[]を付けてヘッダを入れたりするのも良いと思います。

　文字数を制限したり記号や改行を極力入れないとしたりするのは、ユーザーの視認性のためです。上のサンプルのように例文を付けておくとさらに未来のFAQ制作者はそれを模倣できるので安心です。

　作文で模倣しやすいようにQの文型を定型化するサンプルとしてたとえば以下のように示しておきます。

　Q.　［〇〇］　〇〇した場合、〇〇になるため〇〇を知りたい。

　するとFAQ制作者が考えなければいけないのは〇〇の部分だけとなります。ここまでQの文を定型化できたらFAQ制作者も作文が容易になり統一性のあるQが書けます。ただすべてのQをまったく同一の文型にすることはできないので、FAQ制作者には柔軟な対応を促す必要があります。

Aの書き方のルール

　Aの書き方のルールも、誰がAを書いてもほぼ同じ文型になることを目的としています。ただしAは情報量が多く、誰が書いても完全に同じようなスタイルにはなりにくいので、FAQライターが監修します。

・Qに対する回答を冒頭に書く
・ですます調で書く
・5W1Hを意識して一文一文を書く
・回答の補足は2行目以降に書く
・句点「。」のあとは改行を入れる
・手順などを書く場合は、項番に①、②、③……を使う
・ありがとうございます、申し訳ございませんなどの記載は不要
・3-50文字以内、かつ20行以内に収める
・太字、アンダーラインは使わない
・文字の色は黒
・場合分けのある回答をしない
・リンクは極力しない

※上記が原則的なA作文ルールですのでこれに従ってください。文型は必ずしもこちらに当てはめられない場合もあるので柔軟な作文でよいです。

例文）
Q：サービスのゴールドメンバーだが更新料支払いのカード種類を知りたい。
A：更新料支払いのカード種類は、AAAカード、RRRカード、SSSカードです。
　　なお、AAAカードならカード手数料がかかりません。

Q：○○サービスのメンバーアップグレードができていない原因を知りたい。
A：次のことが考えられます。
　　・申込日がアップグレードできるキャンペーン期間を過ぎていた。
　　・アップグレードに必要なポイントが足りない。
　　・アップグレードができているが手続き完了通知がまだお手元に届いていない。

Q：○○サービスの契約更新料金を知りたい。
A：更新料金は無料です。

　Aはユーザーに最後まで読んで理解してもらわなければなりません。したがって文はユーザーの質問を解決するための情報を提示しつつ、できるだけ短く端的に書くことが重要です。

　たとえば一問一答を念頭に置き、Qに対する回答を一言で冒頭に書きます。そして必要に応じて回答の補足事項や理由や目的などを追記します。手順などの記載が必要な場合、各ステップに採番し箇条書きにします。

　回答文に使える最大文字数や行数も目安として定めておきますが、この数値を厳守するというわけではありません。文字数制限をしていることによって、Aに書こうとしている情報のうち絶対必要なものとそうではないものの取捨選択を意識できます。

　Aの作文でも、例文をいくつか掲載しておくとよいです。例文があるだけでFAQ制作者はそれに倣いAの文型や構成を画一的にできます。

　つまりFAQを作文するときのルールは、実はFAQ制作者の作業軽減にも役立ちます。FAQを書いたり推敲したりするとき例文の「型」が模倣できるので作文のために考える時間を短縮できるのです。

FAQのカテゴライズのルール

　カテゴライズやカテゴリはリリース前にいったん決定しています。ガイドラインでルールとして明示しておくものは、カテゴリそれぞれの意味とそれぞれに属するFAQのグループの定義です。新しくFAQを追加した場合にどのカテゴリに属するかというルールがガイドラインでわかるようにしておきます。

　FAQによっては、2つ以上のカテゴリに属するマルチカテゴライズのケースもあります。その場合でも、カテゴリに所属させるルールは共通で使えるようにしておきます。

　カテゴリは運営中に安易に増やさないほうがよいです。もしカテゴリを増やさなければFAQをうまく分類できないのなら、カテゴライズ全体を見直す必要があるかもしれません。

　次にサンプルを示します。こちらはカテゴライズのサンプルです。もちろん1つのFAQサイトでこんなに多くのカテゴリを準備する必要はありません。カテゴリとして一意であることや、その中に入っているFAQが想像できるというサンプルです。

- 契約前の Q&A
  契約前のユーザーに向けた FAQ
- 契約手続きに関する Q&A
  契約手続きをしようとしているユーザーに向けた FAQ
- 会員サイトの使い方 Q&A
  Web の会員サイトの使い方全般に関する FAQ
- サービスご利用中のエラー Q&A
  サービスを利用中に表示されるエラーメッセージへの対処に関する FAQ
- ポイントの取得と利用 Q&A
  サービスで取得できるポイントやその利用方法についての FAQ
- サービス解約に関する Q&A
  サービス解約手続きと解約後の処理などについての FAQ
- サービス用語に関する Q&A
  サービスで使われるさまざまな用語解説の FAQ
- システムのいろいろな設定手順 Q&A
  システムの利用上の種々設定手順や注意事項、環境・ソフトウェアに関する FAQ
- セキュリティ全般に関する Q&A
  システム利用上のセキュリティや規約、設定に関する FAQ
- 費用・料金に関する Q&A
  サービスを利用するにあたり必要な費用や料金に関する FAQ
- 会社基本情報に関する Q&A
  サービス提供事業者の会社そのものに関する基本情報 FAQ

FAQ利用分析とFAQコンテンツのメンテナンスルール

　FAQコンテンツをメンテナンスするルールです。FAQ運営でKPIを向上しつつ成果を出すための業務がメンテナンスですので、基本的なことを定めておきます。FAQ運営の定常業務(推進フェーズ)で行うユーザーの利用状況を分析するルール、そして分析の結果FAQを編集したり追加、削除(メンテナンス)したりするルールです。

　ルールは大きく2つあります。

- 分析、メンテナンスという定常業務に関するルール
- 分析と判断そしてメンテナンスそのもののルール

　こちらもサンプルを示しますので参考にしてください。

定常業務

メンテナンスの定常業務としてのルールのサンプルです。

- 毎日、分析画面のすべての値を確認すること
- 毎週、分析データをダウンロードし保管すること
- 毎週、分析値の推移を確認すること
- 毎週、分析に応じて FAQ の追加、編集、削除をすること
- 毎週、コールセンターのコンタクトリーズン分析から問い合わせトップ100 を得ること
- 毎月、FAQ メンテナンス報告をすること

分析やメンテナンスは継続することが基本です。継続そのものを明確にルール化し定常業務として途切れないようにします。つまりルールに従って業務を行えば、おのずと分析メンテナンスが日常業務となることを意図しています。ここでもやはり FAQ 制作者が業務に立ち止まったりどうすればよいかわからなかったりという状態が少なくなるようにルールを定めます。

分析とメンテナンスのルール

メンテナンスも FAQ 運営にとって日常業務ですので、ガイドラインに書かれている基本的なルールに従って FAQ コンテンツを日々メンテナンス（追加、編集、削除）します。分析とメンテナンスについてはガイドラインの中でも最もよく見るページになると思います。実際の運営においてはさまざまな分析値に対してこまごまと検討することも多いです。ガイドラインに書いていることをベースとして、分析しながら日々 FAQ 分析責任者を中心にメンテナンスの判断をします。

次にガイドラインのサンプルを示します。具体的な内容は企業によってさまざまだと思うので、サンプルを下敷きにしながらも適宜変更して利用してください。

- ゼロ件ヒットワードのユニークユーザーカウントが〇〇回以上
  - →当該ワードと同じ意味の用語の「同義語」に加える
  - →同義語がない場合は適宜 FAQ の検索メタタグに加える
  - →適当な用語または FAQ が見当たらない場合、適宜 FAQ を追加する
- FAQ で「役に立たない」のユニークユーザーカウントが〇〇回以上
  - →当該 FAQ の推敲・編集を行う

・FAQでユニークユーザーの閲覧回数が〇〇ヵ月以上〇〇回以下を継続
　→当該FAQを削除する
・コールセンターのコンタクトリーズントップ〇〇がFAQに存在するかを確認
　→存在する場合、FAQの内容の推敲・編集をする
　→存在しない場合、FAQに追加する

　メンテナンスを行うかどうかを判断するための閾値（いきち）はそれぞれで決めておきます。そのことで判断自体に時間を取られなくなります。またどのようにメンテナンスするかに関してもガイドラインに明記することで、業務が滞らないようにします。

用語・同義語

　FAQを書くときに共通に使用する用語やそれらの同義語について、ガイドライン付属資料として編纂しておきます。国語辞典のようにすべての用語を網羅しようとすると編纂自体が大きな業務工数となってしまいますので、まずは用語のうちでもバリエーションが多く書く人によってばらつきが生じそうなものを中心にまとめるとよいでしょう。当然ながらFAQのQとAを作文するときはすべてこちらで定めた用語を標準用語として使います。推進フェーズにおいて、用語集はガイドライン本体よりも更新が多くなります。

　用語のサンプルテーブルを**表3-3**に示しておきますので参考にしてください。

　なおサンプルのテーブルでは同義語を「／」で区切っていますが、区切り方に決まりはありません。採用するFAQ検索システムの仕様や自社のFAQサイトの仕様に合わせておきます。

ガイドラインの世代管理、更新のルール

　ガイドライン自体も定期的に見直し、必要に応じて更新します。同じ内容で運営を続けると、どこかで無理が生じることがあります。また継続的なFAQ運営のおかげで効果や影響がわかってくるため、それを糧にしてより効果が出るようなルールに更新していきます。

表3-3　　標準用語、同義語テーブルのイメージ

FAQ で使用する用語（標準単語）	同義語
パスワード	password ／パスコード／ passcode
スマホ	スマートフォン
ログイン	サインイン／サイトイン
会員	登録者／メンバー
PC	パソコン
受付け	受け付け／受けつけ／うけつけ
できます	可能です

　特にFAQの書き方や分析・メンテナンスに関しては、ガイドラインの更新は柔軟に考えてよいと思います。運営ルールは必要に応じて変えられるものだという意識を持っておきます。

　なお、次のようなことが起こるとFAQ運営ガイドラインは変わる可能性があります。

・FAQサイトやFAQ検索システムが更新された、または刷新された
・カスタマーサポート組織が改変された
・FAQ運営の目的が変わった

3-10

FAQサイトリリース

　ここまできたら、あとはFAQサイトをリリースしユーザーに公開するだけです。公開とはインターネットで一般外部公開、または社内ネットなどで内部公開のことを指します。

　リリースとその直前の作業についてまとめておきます。

一般公開用FAQサイトの告知と導線

　一般公開用FAQサイトの場合特に、WebサイトとしてのFAQへのユーザー導線を必ず作ります。導線は極力「太く」して、さらにFAQサイトの存在の告知も必須です。

　直接的なFAQサイトへの導線(リンクバナー)は、商品やサービスのトップページやその配下の各ページに目立つように付けます。FAQサイトは、多くの人に使ってもらうことで価値が出ます。ユーザーがワンクリック(ワンタップ)でFAQサイトに移動できるようにします。

　告知の方法は、プレスリリースを出すケース、Webサイトの新着ニュースとして取り上げるだけというケースなどさまざまです。X(旧Twitter)、LINE、Facebook、InstagramなどさまざまなSNSを通じて直接FAQサイトトップのURLを案内することもできます。SNSの場合なら繰り返し告知をして、ユーザーの導線を強化します。

　特に商品やサービスのFAQがGoogle検索(オーガニック検索)で上位に見つかることは重要です。インターネット上の関係サイトから可能な限りリンクすると、FAQサイト自体が次第にGoogle検索などにヒットする手助けになります。そして何よりもFAQごとの日々のメンテナンス自体が強力なSEO対策になります。

　またFAQサイトをリリースすることを社内にも広くアナウンスします。もちろん経営責任者にもしっかり伝わるようにします。特に一般公開用FAQへの取り組みはカスタマーサポート内だけではなく、会社の利益・経営に直結するような取り組みです。FAQ運営の目的とともに、FAQサイトの特徴などを説明し、カスタマーサポートを超えて経営層に協力を求めます。

内部用FAQサイトの告知と導線

　FAQサイトが社内用であっても、FAQサイトへのリンクは社内ネットワークポータルサイトトップに目立つように付けるなど認知されることが必要です。特に社内ヘルプデスクのように社内の不特定多数の人がユーザーとなるような場合一般公開向け同様FAQサイトの存在感を出すようにします。

　内部利用FAQサイトの場合は、一般公開用より告知は簡単です。目立つアナウンスをして社内の人に使ってもらうように何度も呼びかけるようにします。大げさに言えば社内FAQを使用することを社内のルールとします。内部利用でも使ってもらうことでさらにFAQを良くすることができ、それがまた利用者への還元となるという好循環となるためです。

トレーニング

　いくら体制が整っていても、FAQサイトのリリース後の分析とメンテナンスでFAQコンテンツのサイトへの反映にもたついているのではFAQ運営としては不十分です。分析によってメンテナンスをするかという判断はできるだけ速やかに行い、さらにメンテナンスから実際の公開の承認までも短時間で行います。リリース前にその予行演習をしておきます。

　FAQサイトがいったんリリースされるとさまざまな分析値がFAQサイトに集まりはじめます。一般公開の場合その進行はとても早いのでFAQ運営者は、データ収集のしかたや見かたに対してリリース前に慣れておきます。FAQ検索システムを導入している場合は、いろいろな機能を間違いなく使いこなすための練習も必要です。最初からすべての機能を使う必要はないと思いますが、導入当初に求められるものは必要最低限しっかり覚えて使えるようにしておきます。たとえばFAQのバックアップとリストアなどは、初めにしっかり覚えておくものの一つです。

　またFAQリリース直後に、誤記や誤字など単純なミスが見つかることがあります。その場合に手早く修正する方法などはリリース前に最低限知っておきます。

　リリース当初に行うメンテナンスの一つとしては、ゼロ件ヒット[注4]の対応があります。FAQ公開直後はゼロ件ヒットと呼ばれるユーザーの検索ワードが大量に発生します。システムで示されるゼロ件ヒットワードの結果を見る方法と、それらのワードを手早くFAQコンテンツに反映する一連の手順は覚えておきます。

　実はこういった操作の確認や練習は、上記したレビューでおおよそカバーできます。したがって綿密なレビューは大切なのです。リリース後行う操作やメンテナンスは予想した以上に多く発生します。リリース後の業務については次章で詳説していきます。

注4　ユーザーがワード検索をしてもFAQが1件も抽出されない状態、つまり検索結果がゼロの状態のことです。

Column

筆者が行ったセミナーやコンサルにおいて、よくいただくご質問とその回答を紹介します。

Q.

FAQで申し込みなどの「手続き」のステップをすべて案内すべきか？

A.

　FAQで申し込みの手続きを案内するケースはあります。しかし申し込み手続きが複雑なものや長い場合、FAQで示すとかえってわかりにくいケースも出てきます。FAQの回答に納めず、シンプルに申し込みフォームに誘導する形のほうがよいと思います。

Q.

顧客の状況によって異なる質問があるがFAQにすべきか？

A.

　顧客の状況によって異なる質問は、よくある問い合わせとは言いがたいのでFAQは不要です。特定の顧客には役に立つかもしれないですが顧客全体にとってはほとんど見られないからです。そういったものはむしろコールセンターで対応するべきものです。

Q.

コールセンターに来る問い合わせのうち、多いものはすべてFAQするべきか？

A.

　コールセンターに問い合わせが多いからといって必ずしもFAQにする必要はありません。たとえばコールセンターのオペレーターでさえ顧客への案内が長時間に及ぶようなものの場合は、FAQにした場合でも回答文が長くなる可能性があります。回答文が長いとせっかく準備してもユーザーが読んでくれないか、読んだとしても情報が多いため誤解や読み間違いを誘引する可能性があります。FAQは多い問い合わせの中から一問一答でシンプルに答えられるものを選んでFAQサイトに掲載します。

第 4 章

具体的なFAQ分析と
メンテナンスの実践

　本章では、FAQサイトのリリース後から始まる推進フェーズについてまとめます。

　構築フェーズで形にしたFAQサイトを通じて、ユーザーの困りごとやわからないことを解決する（以下、問題解決）というカスタマーサポートをインターネットを通じて提供し続けるのが推進フェーズです。言うまでもなく推進フェーズはFAQサイトがある限り続きます。

　FAQサイトは企業のWebサイトの中でも、ユーザーの期待に対して特に具体的な成果が求められる特別なサポートサイトです。本来はコールセンターと同レベルの成果を期待されます。コールセンターとの違いは無人チャネルであるということだけです。ユーザーの問題解決を追求することには変わりありません。成果を出せるかどうかは、この推進フェーズにかかっています。

　FAQサイトのことを、一度作ったら変化しないサイト（本書では「静的」と呼ぶことにします）だととらえてはいけません。FAQサイトには、問題解決をしたいユーザーが能動的にアクセスしてきます。多くの場合コールセンターよりはるかにたくさんのアクセス数があり、問い合わせ内容も変化します。それらに対して解決という成果を生み出す必要があるので、FAQは日々変化し成長しなければなりません。つまり、推進フェーズではFAQサイトをコンテンツが常に変わり成長する（本書では「動的」と呼ぶことにします）サイトして取り組みます。

　なお推進フェーズでは、カスタマーサポートに携わっているメンバー全員が何らかの形で関わります。FAQ運営担当者はもちろん、Web担当者や、コールセンター担当者、そしてFAQ検索システムのベンダーもです。

4-1

FAQコンテンツの利用分析とメンテナンスの大前提

　推進フェーズでのFAQコンテンツの利用分析とメンテナンスについて基本となる大前提をまず明示します。

FAQコンテンツを管理する

　FAQ運営の肝となるのは、FAQコンテンツである質問文（Q）と回答文（A）、

そして検索補助テキスト（同義語やメタタグ）です。それらコンテンツの品質をより高めていくのと同時に、データとして管理しなければなりません。

　FAQコンテンツは常日ごろから整然と管理をしておきます。整ったデータ管理は分析とメンテナンスをスムーズにしてくれるからです。FAQコンテンツの管理には、カスタマーサポートのみならず企業の知的財産として管理するという意味もあります。

　FAQコンテンツの管理の基本は次のとおりです。

・FAQコンテンツとは、FAQのQ、Aに加えて補助検索テキストデータのことを指す
・FAQサイト（FAQ検索システム）に最新のものが常に公開されている
・FAQサイトにあるものとは別に「ファイル」としてマスターが保存されている
・FAQコンテンツは作成日、更新日などの世代記録をしておく
・FAQのIDは一意にし、FAQを削除したり非公開にしたりした場合はそのIDは欠番とする
・FAQの公開・非公開は一目でわかるようにする
・FAQはガイドラインに沿った作文がされていることを確認する
・FAQと同義語辞書の世代管理は別でもよい
・メタタグはFAQごとに一緒に管理する
・FAQサイトのFAQコンテンツはいつでもリストアできるようにする

　推進フェーズでのメンテナンス頻度は高いです。そのためFAQコンテンツの世代管理は徹底し、常に最新のものがどれかわかるようにします。FAQサイト上で直接FAQを編集・更新した場合は、マスターとなるFAQファイルにもそれを反映し同期されるようにしておきます。

　FAQ検索システムにもよりますが、マスターとなるFAQファイルは誰でも使えるExcelのような表計算ソフトウェアのファイル形式で管理しておくと、閲覧や編集にソフトウェアの機能が活用できるので作業効率が良くなります。FAQサイトと別にFAQファイルを保管しておくのは、万が一サイト上のデータに異常が起きたときにすぐにマスターのFAQファイルを使ってFAQサイトにリストアできるようにしておくためです。

　FAQのIDをユニーク（重複がない状態）にするのは言うまでもありません。FAQを削除したり非公開にしたりした場合でも、そのFAQのIDは再利用せず欠番にしておきます。FAQのIDに紐付いた過去のユーザーの利用記

録などを保存しておくようにするためです。またIDを再利用すると、運営において混乱のもとになるからです。

　FAQコンテンツのうち、検索補助テキストである同義語やメタタグはFAQとの関係性がわかるように管理します。同義語辞書はFAQファイルと必ずしも同期して更新する必要はありませんが、FAQファイル同様世代管理はします。メタタグはFAQごとに付随するものなので、FAQファイルとともに管理しておきます。いずれにしてもFAQサイトでは常に最新のものを用います。

ログ（分析元データ）を管理する

　WebページであるFAQサイトでは、FAQ検索システムを導入している、していないにかかわらずユーザー利用の足跡はログデータとして自動的に残せます。

　たとえばユーザーがFAQサイトにアクセスした、クリックした、何かのボタンを操作した、カテゴリを選んでクリックした、ワード検索にテキストを入力したというログがその対象ページの情報やタイムスタンプとともに記録されていきます。

　自動で残っていくログは、時間とともにサイズが大きくなります。そのためログデータは定期的にFAQサイト外のメディア、つまり手元のPCやファイルサーバにダウンロードして保管しておきます。FAQサイトリリース以来のログデータはできればFAQ運営が続く限りすべて保管しておきます。

　ログはデータ（生ログデータとも言います）のままファイルで保管するだけではなく、分析した形でも保管します。FAQ検索システムにはそういった形式での保管も自動で行ってくれるものがあります。

　FAQ検索システムを導入していない場合は、各種ログを取得、分析するしくみをFAQサイトに作っておく必要があります。FAQ検索システムを導入している、していないにかかわらず多くのFAQサイトはGoogleアナリティクスを採用しています。

分析値、KPIを記録し遷移を観察する

　FAQ運営の成果への指標とメンテナンスの判断材料としてのKPIは、推進フェーズを通じて追跡していきます。FAQ運営ではFAQサイトから多くの分析値が取得できます。分析値そのものがKPIになる場合もありますし、いくつかの分析値をもとにKPIを計算する場合もあります。さらに分析値やKPIを使って別のKPIを計算する場合もあります。このように数値を使ってFAQ運営の状況や効果を可視化していきます。

　KPIはいくつあってもかまわないし、運営途中で追加してもかまいません。本章以前でも何度か説明しましたが、たとえば次のようなKPIがあります。

・FAQごとのユニーク閲覧数
・回答到達率
・問題解決率
・ゼロ件ヒットワードとそのユニーク回数
・FAQごとの離脱率
・FAQごとの滞在時間
・画面ごとの直帰率

　分析値やKPIは一瞬一瞬（点）で判断すると同時に、変化の遷移（線）にも注目します。点としての単位は1日単位、1週間単位、1ヵ月単位と目的によってさまざまですが、遷移のチェックは毎日行うことを習慣とします。FAQ検索システムを導入していれば、チェックだけならワンタッチでできる機能があるはずです。

　分析値やKPIの遷移は、折れ線グラフで見ると不安定な上昇下降の線を描くことが多いです。したがって遷移は短期的に見たり長期的に見たりします。短期的に見ても気付かないものが長期的な遷移を見て気付くこともあります。たとえば年単位など長期で見ることで、意味のある「定期的」な揺れ（季節変動）が見えることもあります。

　このように分析値やKPIを観察し判断してFAQコンテンツをメンテナンスします。メンテナンスしたらまた分析値やKPIの変化を見ます。変化はすぐに現れるものもありますし、少し待たなければ現れないものもあります。FAQコンテンツのメンテナンスとそれに対するKPIの変化を観察する

ことで、効果的な運用方法がだんだんと見つかってくることもあります。

カスタマーサポートコストを計算し観察する

　カスタマーサポート全体に関わるコストもKPIの一つと言えます。FAQ運営の目標の一つは、カスタマーサポートのコストが軽減し、長期的には合理化されていくことです。マネージャーや経営に近い立場の人はこのKPIを必ず観察します。カスタマーサポートのコストにはFAQ運営自体のコストも含まれているので、個別に計算しておきます。

　カスタマーサポート全体のコストを計算する義務はカスタマーサポートの責任者にあります。構築フェーズ、推進フェーズを通じて必ず定期的に計算を行います。コストを計算するための基本は第2章で述べました。

　カスタマーサポート全体に関わるコストと、FAQ運営で観察できるさまざまなKPIには必ず相関関係があります。FAQ運営によってコストが軽減される相関関係を見つけられたら、そのコスト軽減がさらに続くように運営をします。コスト軽減効果はFAQ運営だけの努力では出せないことも多いです。したがってカスタマーサポート責任者は、カスタマーサポート全体、そして部門をまたがって企業内関係者にFAQ運営に対する協力を求めます。

メンテナンス方針と実践

　分析値やKPIの観察によって、FAQ運営の現状と目標（KGI）への道のりがわかります。それはFAQ運営のカスタマーサポートへの貢献状況、カスタマーサポートの企業経営への貢献状況を示しています。

　KPIはすぐに判断しメンテナンスに着手できるものもありますし、ほかのKPIとの相関値を見たりしばらく推移を観察したりして判断するものもあります。

　KPIやそれらの相関値に対する判断基準とメンテナンス方針は、ガイドラインにまとめておきます。同様にKPIの遷移に関しても、判断基準とメンテナンス方針は明確にしておきます。明確なガイドラインに沿うことでFAQ運営者は悩むことなく都度メンテナンスを進められます。

　またKPIで成果を測り続けることで判断やメンテナンス方針自体を見直

すほうが効果的とはっきりわかれば、躊躇なく方針転換します。FAQ運営はWebサイトでの取り組みなので、このように臨機応変に柔軟な対応もしやすいのです。

　言うまでもないことですが、KPIはロジカルに判断し、そしてメンテナンスするためのものです。そのためにガイドラインもあります。個人的な勘やその場の感覚でメンテナンスをしてはいけません。もちろん勘や感性を尊重したほうが良いこともありますし、それが正しいことも大いにあり得ます。もし勘や感性から試験的に実施したことでも良い成果が出て相関関係も実証されたら、それはロジックとしてガイドラインに反映します。その際もガイドラインに具体的に記載して標準的なメンテナンス方法として関係者全員で共有します。

FAQ運営に対する周辺の協力と確認

　FAQ運営中に、FAQコンテンツ以外の原因で成果が伸び悩むことがあります。FAQコンテンツの以外の原因とは、たとえばFAQサイトへの導線や企業Webサイト自体のデザイン、FAQ検索システムの仕様といったものです。また企業内関係者(会社経営層、コールセンター、Web担当部門、営業部門、ベンダー)の協力関係の希薄さといったものも該当します。そういった原因で成果が伸び悩んでいる場合は、原因となる状況自体のメンテナンスや前向きに協力してくれるための協議を行います。

　メンテナンスとは、FAQコンテンツの入れている器を調整することも含まれます。つまりFAQサイトやFAQ検索システム自体を刷新する決断をしなければいけない場合があります。FAQの分析とメンテナンスをしっかり行っていても、FAQ検索システムの制限が成果の足を引っ張っているが明らかであれば検討せざるを得ません。

　メンテナンスとは、周辺関係者とのコミュニケーションや協力体制を調整することも含まれます。FAQ運営で目標が達成できるかどうかは直接運営に関わっているメンバーだけでなく、上記したような関係者すべてが全面的に協力してくれるかにかかっています。

　このようなダイナミックな発想でFAQ運営をするために、FAQ運営責任者は働きます。

分析とメンテナンスを継続する

FAQ運営の周辺環境が整っているのであれば、KPIを良くしていき成果を上げていくためにできることは分析とメンテナンスの継続のみです。本章を読んで納得しても実践と継続がなければ一歩も成果に近付けません。分析とメンテナンスの方針やガイドラインがいったんまとまったら、あとは粛々と実践を続けます。

3日間はできても4日目から続けられない個人はどこにでもいますが、組織なら継続もしやすいはずです。継続自体を管理する責任者がいるからです。作業分担により誰かの作業の遅延で起こり得るブロッキングイシューも、責任者が俯瞰し組織内のメンバーの調整でカバーできます。個人のためにもチームで継続的に進むこと、それが正しいFAQ運営です。

4-2

分析値(KPI)と判定のしかた

FAQサイトやFAQ検索システムが利用状況を分析して提示するものを分析値と呼びます。FAQ運営者は分析値の中から特定のものをピックアップしたり、必要において計算したりしてKPIを算出します。ここではそれぞれの分析値やKPIに関する判断とメンテナンスについて述べていきます。

分析値の取得方法

FAQ運営においてサイトから集積されるデータ(ログ)が、FAQサイトの利用分析の元となる基礎データです。ログに入っている数値など使って特定の計算式に当てはめればすぐに分析値となり、分析値から評価を判断できるKPIも計算できます。

FAQサイトはWebサイトの一種ですので、運営者自身がいちいち手を動かして分析値を集積したり抽出したりする必要はありません。FAQ検索システムを導入した場合はFAQの利用状況に特化した分析値はすべて自動で算出され、そのレポートを数値の羅列やグラフでリアルタイムにブラウザ画面上に表示してくれます。また企業のリクエストに応じて期待する分

値を算出できるようにベンダーが調整してくれる場合もあります。FAQ検索システムを導入していなくても、Googleアナリティクスのようなしくみを入れておくことで分析値は自動で取得できます。

いずれにしてもFAQ利用状況の分析値やKPIを取得するために、FAQ運営者はほぼ作業する必要がありません。少ない作業量でいつでもFAQのユーザー利用分析を手に入れることができるのは、カスタマーサポートとしてインターネットを活用している大きな利点です。

FAQサイトやFAQ検索システムから得られるログそのものを使って独自に分析値を算出することもできます。そのためにはログの見かたの習得とFAQ運営者の統計・分析スキル、表計算ソフトウェア（多くの場合Excel）の操作スキルにかかってきます。ただしFAQ検索システムやGoogleアナリティクスが標準的に提示される分析値でまずは十分だと思います。

いろいろな分析値と判断

ここではFAQ運営で観察するいろいろな分析値についてそれぞれの意味と判断について述べます。なお、判断に応じた具体的なメンテナンス方法については本章の「FAQコンテンツのメンテナンス」（169ページ）で述べていきます。

FAQサイトのPV数による判断とメンテナンス

FAQサイトトップページのPV数は、サイトへのユーザー導線の「太さ」を表しています。PV数が大きいほど多くのユーザーをFAQサイトに誘導できていることになります。もしこのPV数が伸び悩んでいてコールセンターへのコール数が軽減されないようなら、FAQサイト以前の「導線」が有効にユーザーを誘導できていないことが考えられます。FAQサイトへの導線の物理的なメンテナンスはFAQサイト自身やFAQ検索システムだけではできません。より多くのユーザーをFAQで問題解決させたいのなら、FAQサイトのPV数が大きくなるよう導線を調整します。

FAQサイトのPV数を大きくするための導線の調整は、次のような方策を取ります。

・企業WebサイトからFAQサイトへのバナーリンクをトップページで目立たせる

・企業Webサイト内のあらゆるページにFAQサイトへのバナーリンクを設置する

・SNSからもFAQサイトへのリンクを頻繁に案内する

・FAQサイトのSEO対策をする

　また多くのFAQサイトでは一つ一つのFAQごとにページ（URL）を設けています。これらについてもそれぞれPVがあり、やはり値が大きいほうが良いです。

　FAQサイトは企業のWebサイトからたどってくるユーザーよりも、GoogleなどのWeb検索をして直接訪れるユーザー（オーガニックユーザー）が非常に多く、FAQごとのPVの大半はオーガニックユーザーだと言われています。そのことは自社サイトでもGoogleアナリティクスですぐに調べられます。

　Web検索でヒットしやすくするためには、FAQサイト全体やFAQごとのSEO対策が重要です。SEOについてはここまでの章でもたびたび触れていますし、世の中に参考となる書籍や情報がたくさんあります。FAQ運営者ができる最高のSEO対策は、FAQのメンテナンスです。つまり本章で記載していることの実践がFAQサイトやFAQ自体のオーガニックPVを増やすことにつながります。Google検索のようなWeb検索エンジンのアルゴリズムも日々変わっていますが、更新が頻繁になされいつも生き生きしたページはWeb検索上位になるはずです。

FAQ閲覧数による判断

　FAQ閲覧数はFAQがユーザーに閲覧された回数のことで、FAQ運営には大切なKPIです。多くのFAQサイトにおいてFAQのQをクリックすることでAを閲覧するしくみになっているのは、FAQ閲覧数を自動でカウントするためです。FAQごとに回答（A）ページ（URL）があれば、FAQ閲覧数は回答ページのPV数です。その場合閲覧されること自体が上記したFAQのSEO対策に有効です。

　FAQ閲覧数は1日分だけ見てもあまりFAQごとの違いは見られませんが、まとまった期間で見るとFAQごとの差が明らかになってきます。そしてFAQを横軸にそれぞれの閲覧数を縦軸にして閲覧数の多い順にグラフにすると特徴のある曲線になります。これはコンタクトリーズン分析で見るグラフともよく似てくるはずです。

　図4-1のグラフのように、多くの企業においてFAQごとの閲覧数には偏りがあります。

図4-1　　一定期間でFAQの閲覧数（累積）をグラフにするとパレート図になる

　特に閲覧数が多いFAQは全FAQからすると一部なので、メンテナンス対象としても集中できる数量になります。成果を効率的に上げるためにメンテナンスの優先順位を判断できます。閲覧数が多いFAQほど多くのユーザーが必要と判断し、メンテナンスの優先順位を上げます。閲覧数が多いということはユーザーの解決数も多くなるからです。

・優先順位高：閲覧数が多いFAQ→解決数が多い

・優先順位低：閲覧数が少ないFAQ→解決数が少ない

　逆に、閲覧数の少ないまたはゼロに近いFAQが全FAQの大部分を占める傾向もわかります。FAQ閲覧数はそのままユーザーからのニーズを表しています。すなわち閲覧数が少ないまたはゼロのFAQについては、ユーザーのニーズがゼロに近いと判断できます。

　なおFAQ閲覧数とニーズとの相関関係が正確であるためには、Qの文が良質であることが前提です。文の質が悪いとユーザーの誤解釈によるクリックや見逃しなどを招き、閲覧数自体に信憑性がなくなるからです。良質なFAQについては第2章、第3章で述べています。

回答到達率による判断

　回答到達率はFAQサイト全体でのユーザーのFAQへの「コンバージェンス」を示しています。ユーザーが必要なFAQを見つけられ、回答を閲覧できた率を表す値なので重要なKPIです。回答到達率の計算式は第2章で述べましたが、たいていのFAQ検索システムでは自動的に計算して提示してくれます。

　回答到達率は大きいほうが良いですがこのKPIが伸び悩んでいる場合、FAQにたどり着けていないユーザーが多いということです。また回答到達率が小さい場合は、FAQサイトのトップページからの直帰率は高いはずです。

　回答到達率について理解するために、ユーザーがFAQに到達（QをクリックしてAを開く）までの行動を考えてみます。たとえばFAQサイトトップページでユーザーは求めるFAQを見つけるために、ワード検索やカテゴリによる絞り込みという検索操作をします。操作の結果、サイトが提示したQリストから、ユーザーは一つのQをクリックします。

　このように考えたとき回答到達率が小さいということは、

・ユーザーが検索や絞り込みをうまく行えていない

・提示されたリストからQを選べていない

・何かの理由でFAQをクリックしていない

といった状況があり得ます。そういったネガティブな要素はFAQサイトで取れる分析値でわかります。たとえばワード検索でうまくいっていない状況は、後述するユーザーのワード検索でのゼロ件ヒットの数などが目安となります。

　あるいはユーザーの検索操作数は多いのにFAQ閲覧数は少ないという状況なら、ワード検索やカテゴリでの絞り込みをしたにもかかわらずFAQをクリックしないユーザーが多いことを示しています。その原因としては次のようなことが考えられます。

・無関係に見えるQがリストされている

・FAQがたくさん見つかりすぎる

・Qの表現がはっきりしない

　これらは、Qの文の質（書き方）が原因である可能性が高いです。今一度Qを見直し、良質にする取り組みをします。

FAQサイトで見る問題解決率による判断

　問題解決率とは、ユーザーがFAQのAを読んだ結果、自分のわからないことや困りごとが解決できたかを見る重要なKPIです。全FAQの問題解決率と同時に、FAQごとの問題解決率も注視します。このKPIは、もちろん大きいほうが良いです。回答到達率の計算式は第2章で述べましたが、Aに

付いている「役に立った」「役に立たなかった」というアンケートへのユーザーからの自己申告が頼りです。問題解決、つまりユーザーの理解や解決は、ユーザーの頭の中で起きる出来事だからです。

　Aを読んだユーザー全員がアンケートに回答するわけではないので、問題解決率は目安のKPIですがFAQ運営者の判断には役に立ちます。

　Aは企業自ら提示している情報なので、ユーザーが問題解決できることは当たり前のように思えます。したがって問題解決率は本来なら100%に近くならなければいけません。ところが実際は、問題解決率が0%ということも珍しくありません。問題を解決できなかったユーザーが腹立ちまぎれにアンケートに「役に立たなかった」と回答することも多いからです。

　回答到達率を上げるメンテナンス方法がいくつもあるのに対して、問題解決率を上げるためのメンテナンスは、基本的にはAの記載内容を良質にしていくことだけです。

　アンケートへの回答が多くかつ問題解決率が低いFAQは、アンケートの回答の多い順から優先的にメンテナンスするという判断をします。問題解決率の実質的な分析の方法はこのあとでも述べます。良質なAにしていく方法は第3章を再読してください。

コールセンターと協力した問題解決率による判断

　問題解決の測定としてアンケート集計は一つの目安にはなりますが、あくまでユーザーの自己申告なのでFAQでの問題解決状況を正確に表しているわけではありません。そこで問題解決率をより精緻に分析するために、コールセンターと協力します。コールセンターのコストコール軽減は、企業にとって大きな目的の一つです。FAQ運営がそれを担うわけですから、この協力はむしろコールセンターが主導すべきかもしれません。

　まずコールセンターのコンタクトリーズン分析で次のようなKPIが必要です。

FAQコール度数 ＝ FAQサイトにもあるコンタクトリーズンごとのコール数

　FAQコール度数は、コールセンターへのコンタクトリーズンのうち、FAQサイトで網羅されている内容のコール数のことです。またその数値の推移も測定していきます。つまりFAQコール度数が多いと、FAQサイトにもあるのにコールセンターに問い合わせが多いということなので、減少してい

くことが望ましいです。

FAQ必要度数＝FAQサイトにはないコンタクトリーズンごとのコール数

FAQ必要度数は、コンタクトリーズンのうち、FAQサイトで網羅されていない内容のコール数のことです。FAQ運営ではその数の推移も見ます。これがコストコールだった場合、この数値は減少していくことが望ましいです。コールリーズンごとに数値が特に大きいものからFAQサイトに掲載することを検討します。

FAQ経由度率＝電話する前にFAQを探したユーザー総数÷コール総数

FAQ経由度率は、コールセンターへの問い合わせの前にその内容をFAQサイトで調べた人の割合のことです。ただし「電話する前にFAQを探したかどうか」はユーザーからの申告を得るしかありません。測定方法は電話を受けたオペレーターがユーザーに直接伺う方法になります。別の表現をするとユーザーに二度手間を取らせている度合いですので、この数値も減少していくことが望ましいです。

ちなみに上記の3つのKPIは、本書での解説のための筆者の造語です。

FAQコール度数は、できればFAQ個別に計測します。たとえば「自分の口座からほかの銀行口座への振込手数料を教えて」といったQと同じコンタクトリーズンのコール数推移をコールセンターのコンタクトリーズン分析で計測します。FAQもコンタクトリーズンもこのように具体的な表現になっていることで対比しやすく、カウントもしやすいです。上記したようにFAQコール度数は減少することが望ましく、減少傾向の場合FAQ運営がコールセンターへのコールを軽減するのに役に立っていると考えます。FAQコール度数の推移は、短期的・中期的に観察します。FAQコール度数が減少しないあるいは逆に増加傾向ならば、FAQサイト導線またはFAQ運営に何らかの問題があると判断できます。

FAQ必要度数は、コンタクトリーズン個別に計測します。あるコンタクトリーズンについてFAQ必要度数が増加傾向ならば、数値が特に大きいものから優先的に新FAQとしてFAQサイトへの追加を検討します。ただし数値が大きければなんでもFAQに追加するという判断ではなく、そのコンタクトリーズンがFAQに適しているかという判断も必要です。コンタクトリーズンが多くても、回答が複雑なものや込み入った説明を要するものはFAQ

には適していません。

　FAQ経由度率もできればコンタクトリーズン個別に計測します。この分析値も減少傾向が望ましいです。なぜならばFAQで問題の自己解決をしようとしたが、できなかったユーザーがコールセンターへ電話した割合を表しているからです。FAQ経由率が減少しないあるいは逆に増加しているといった場合は、FAQサイトでの検索性や当該FAQ自体に何らかの問題があると判断できます。

　上記したようにこれらの分析はコールセンターとの共同作業です。カスタマーサポートマネージャーおよびFAQ運営責任者は、作業工程や情報連携方法などの調整をします。

Google アナリティクスによる直帰率、離脱率、滞在時間の判定

　ここで、FAQ検索システムの導入の有無にかかわらずGoogle アナリティクスで取得できるいくつかの基本的なデータを述べておきます。URLが存在するWebページ（FAQページ）ごとのPV、直帰率、離脱率、滞在時間など基本的なものは、Google アナリティクスで取得できます。

　その前にここでの説明で使ういくつかの基本的な用語について書いておきます。

・セッション
　1ユーザーからのFAQサイトへ最初のアクセスから用件を終えてサイトを離れるかネットを閉じるまでを1セッションと言う。ユーザーは1セッションでいくつもFAQやページを見る場合がある

・PV
　Page view。ユーザーがWebサイトページにアクセスした回数

・滞在時間
　FAQサイトにアクセスしてからセッションを終えるまでの合計時間と、ページごとの滞在時間がある。ページごとの平均滞在時間は指標として役立つ

・回答到達
　ユーザーがFAQのAを閲覧すること

・直帰
　ユーザーのセッションで最初に見たページからどこにも行かずにセッションを終えること

・回答ページでの直帰
　Google検索などから回答ページに直接アクセスしてそのページだけを見て離脱すること

・離脱
　　回答ページにいる状態からほかのサイト（ページ）に移動、またはセッションを終えること。なお離脱したときに最後にいたページはどこかということが重要になる

　ページごとの直帰率、ページごとの離脱率、ページごとの滞在時間などは、Google アナリティクスで集計できます。たとえばFAQサイトトップページの直帰率が高いということは、FAQサイトの見た目のデザインだけではなく、FAQサイトの検索性やFAQの品質が悪くFAQごとのページ（回答ページ）に遷移しない人が多い状態です。セッションごとでのFAQサイトトップでの離脱率が高い場合も同様です。この場合FAQを減らしてみる、カテゴリを減らしてみるなどFAQサイトトップを一度シンプルにしてみて、問題の原因を探ります。シンプルにすることで問題の所在が見えやすく、効果がありそうな改善も試しやすくなります。

　特定のFAQの回答ページでの離脱率が高いということは、そのFAQを必要とする人が多いと言えます。逆に回答ページを見たあとに別のFAQに遷移することが多いと、該当のFAQは誤って開かれている可能性が高いと言えます。長年離脱率がゼロのFAQページは閲覧自体もゼロという可能性があり、ニーズのないFAQの可能性が高いです。

　回答ページごとの滞在時間が長いほどそのFAQに関心が高いユーザーが多いと判定できますが、滞在時間が短い場合は、きちんと読まれていない、あるいは読解できずに離脱している、目的ではないFAQを誤って開いてしまっているとも判定できます。

　上記いずれもネガティブな状況がわかったら、基本的にFAQのAに改善の余地があることがわかります。ただし滞在時間が短すぎるケースや別のFAQに遷移することが多いFAQの場合は、Qに対してAが期待どおりになっていない可能性があるので、QとAが正確に一対一になっているかどうかも確認し、必要に応じてQも見直します。

ユーザー入力値と判断

　ここまでは、FAQサイトやFAQ検索システムで取れるログから取得した数値や計算した数値のうち、主要なものに関して効果やメンテナンスの方向性の判断について述べました。ここからは、ユーザーの操作や入力したテキストに関しての分析と判断について述べます。

　FAQサイトでユーザーが行った操作は、ログデータとしてすべて残ります。ここでのデータとは、入力値すなわちユーザーがFAQをワード検索するためのテキスト入力、FAQを絞り込むためのカテゴリなどのボタンやFAQそのもののクリック状況です。

テキスト入力の判定

　ユーザーがFAQをワード検索するために入力するテキストは、ユーザー自らが入力した紛れもないユーザーの声（VOC）と言えます。

　ユーザーのワード検索は「カード」「送付して」「色について」など1単語だけ入力されることが基本ですが、「にもつ　大きさ」「ワイファイ　速度バージョン」といった複数の単語が入力されるケースも多いです。このような入力のされかたは、ある程度入力したユーザーの検索リテラシが高いことが予測されます。また検索補助テキストの検討に役立ちます。

　さらにワード検索では「カードのパスワード忘れた」「申し込みをネットでしたいのですがどこですか」「キャンセルのしかたがわからない」のように知りたいことを自然な文で入力するユーザーもいます。文なのでわかりやすく、FAQ運営者にとってはありがたい入力です。入力されたことを書かれたままVOCとして受け止められるからです。

　単語でも文でも、これらがユーザーの頭の中から発せられたものと考えれば、ここからユーザーのボキャブラリーを推測できます。たとえば同様の意味を表す検索テキストの入力でも「パスワード忘れた」「Passwordをなくした」「パス不明」「ぱすわーどを失念して」などいろいろな表現があることもわかります。さらにそれらの検索ワードの入力に対してそのユーザーが閲覧したFAQまで追跡することによって、ユーザーの入力内容と期待したFAQの関係性もつかめます。

　これらの入力はすべて集計し、同じテキストごとにそれぞれの入力回数の累積をします。同じテキストの入力回数が多ければ、そのテキストがFAQの文やメタタグ、同義語に使えるものだという判断ができます。

ゼロ件ヒットとなった回数による判断

　ユーザーがワード検索でテキスト入力したにもかかわらず、FAQが1件も見つからない場合、そのテキストはゼロ件ヒットだった、あるいはゼロ件ヒットワードなどと呼ばれます。ゼロ件ヒットとカウントされた回数の

多いテキストは、特にユーザーに使用されることが多いと判断します。

ゼロ件ヒットは「○○のワードの検索ヒットゼロの回数○○回」といったように、分析値が提示されます。

たとえば一定期間でゼロ件ヒット回数がN回を超えたテキストに注目して、優先的に最適なFAQが検索ヒットするようなメンテナンスをします。やはりより多くのユーザーがそのワードを使っていることを重視します。ゼロ件ヒットの回数が多いワードのメンテナンスは、ユーザーの回答到達率を高くできる可能性があります。

選択されたカテゴリによるユーザーニーズの判定

FAQサイトでユーザーの検索操作から集積されるデータのもう1つは、カテゴリのクリックです。カテゴリは数多くのFAQの中から特定の種類のFAQを絞り込むためにあります。あるカテゴリをクリックするとこのカテゴリ（グループ）に属するFAQがまとまって検索結果としてQリスト表示されます。

ワード検索とカテゴリ絞り込みとの違いは、ユーザー自らテキストを入力するか準備されているテキスト（カテゴリ名）をユーザーが選ぶかの違いだけです。準備されたカテゴリではありますが、ユーザーが選んでクリックするのでVOCと考えることができます。カテゴリもクリックされるごとにその回数はカウントされます。このカウントの数値自体がカテゴリに対するVOCの大きさを表します。

クリック回数が多いカテゴリは、単純にそのカテゴリ名で表現されたグループのニーズが多いと判断できます。一方クリック回数が少ないカテゴリは、以下のようなことが考えられます。

・カテゴリ名が適切ではない
・カテゴリ自体にニーズがない
・カテゴリの意味がわからない
・似たようなカテゴリ名があってユーザーが迷っている

クリック回数が多いカテゴリでも、その配下にあるFAQも同様にクリック数（閲覧数）が多いかを追跡します。FAQがあまり閲覧されていないようなら、やはりメンテナンスの余地があります。そこに所属するFAQに対してカテゴリ名が合っていない、カテゴリに対して必要なFAQが足りない可

能性があります。

　カテゴリ配下にあるFAQごとの閲覧数に偏りがある場合、閲覧数が少ないほうのFAQは最適なカテゴライズがされていないか実際にニーズがない可能性があります。

商品名、サービス名に対する認知度の把握

　企業独自の商品名やサービス名、または商品の型番(以下、固有名詞)をFAQコンテンツに使うことは多いと思います。しかしユーザーはそういった固有名詞を明確に覚えていなかったり、認識もしていないケースはしばしばあります。特に商品名がアルファベットや数字の羅列だけのような場合、多くのユーザーはFAQサイトで戸惑ってしまう可能性があります。それはFAQの検索操作の数や回答到達率、問題解決率にネガティブな影響を与えます。またFAQサイトを俯瞰しただけで商品やサービスの名前があちこちに目立つとユーザーの理解が追いつかないため、FAQサイトトップページでの直帰率が高くなる可能性もあります。

　固有名詞をFAQで使えるかどうかの判断材料は、ワード検索でそれらが入力される回数が多いかを観察することです。サービス名称、商品名称といった固有名詞を使ったカテゴリのクリック数でも判定できます。いずれもユーザーの入力やクリック数、閲覧数が少ない場合は、認知度が低くFAQサイトで使用するのは不適当と判断できます。

　コールセンターでのコンタクトリーズン分析からも、固有名詞の認知度は測れます。問い合わせのやりとりに、オペレーターではなくユーザー自身が固有名詞を使っているかどうかという記録で判断します。

4-3

FAQコンテンツのメンテナンス

　FAQサイトやFAQ検索システムで測定される各分析値やKPIなどの判断について述べてきましたが、ここからは具体的にどのようにFAQコンテンツをメンテナンスしていくかについて述べていきます。

　先に述べておくと、いくらメンテナンスをしてもFAQを「完璧」にすることはできません。その理由は商品やサービスがどんどん刷新されていくこ

とと、世の中のトレンドやユーザーの考え方、悩み、語彙なども日々変わっていくからです。ただし完璧にはできないにしても、FAQの利用分析とメンテナンスでユーザーが自己解決できる率が上がるようにしていくのが正しいFAQ運営です。つまりKPIを測定しその数値を落とさず今より良くしていくことを目指します。

またメンテナンス自体を大変な業務だとは思わないでください。大変にならないためにシステムを利用します。さらにFAQを良質にしていくこと自体がメンテナンス作業をスムーズにしていくという良いスパイラルを目指します。

FAQの閲覧数を伸ばし回答到達率を上げる

FAQサイトに訪れたユーザーには、目的のFAQにたどり着き、読んでもらうことが最初の入口です。したがってFAQごとの閲覧数は最も注目すべきKPIの一つです。ここからFAQの閲覧数を伸ばし回答到達率を上げるいくつかの方法を紹介します。

一意なFAQにしてユーザーを迷わせない

FAQサイトのトップページからユーザーがFAQを閲覧、つまりFAQの回答を読むには、次のステップがあります。

❶FAQをワード検索、カテゴリから絞り込む
❷FAQリストに求めているQが見つかる
❸FAQをクリックする

ユーザーがFAQを閲覧できるように、FAQ運営では上記3つのステップそれぞれに準備をします。準備とはひとえにQに対するものです。上記のステップを逆にたどってみると、以下のようになります。

> ❸のためには該当するFAQに間違いないとユーザーが自信を持つこと。そのためには、❷で候補がいくつあっても1つのQだけに着目でき、それ以外は関係ないと確信できる。そのためには、❶でできるだけFAQを少ない数に絞り込み、ユーザーが迷わないようにする。

このようにするためには、やはりQの文が良質であることが必要です。ここに2つのQリストのサンプルを示します。いずれも❶のステップで

「パスワード」でワード検索を経て絞り込まれたQだとします。

◀ Before

Q： サイトでパスワードの付けかたとは

Q： パスワードがほしい

Q： 暗証番号とパスワードの違いについて

Q： パスワード忘れたらどうしたらいいですか

Q： パスワードを忘れたので再設定か変更の方法を知りたい

　上記では、一つ一つのFAQがユニーク（一意）になっているようには見えません。重複しているように思えるものや、どちらが求めるものに近しいか迷ってしまうものがあります。FAQを準備した側からすればそれぞれ異なる文にしたつもりかもしれませんが、読むユーザー側からすると区別が付きにくい書き方なのです。

　それでは以下のリストはどうでしょうか。

After ▶

Q： パスワード設定時の文字数ルールを知りたい

Q： パスワード新規発行の申請方法を知りたい

Q： パスワードと暗証番号との違いを知りたい

Q： パスワードを忘れたので再設定の方法を知りたい

Q： パスワードを変更する方法を知りたい

　こちらは一つ一つのQの文に同じものがない、それぞれ一意なQのリストに読めます。ということは、ユーザーは迷うことなく確信を持って自分の知りたいことと1つのQを対比でき、ほかのQは排除できます。FAQの閲覧数を増やして回答到達率を上げるということはFAQが検索ヒットするだけでなく、ユーザーが確信を持てるよう一意な文にしておくということです。

FAQを具体的にしてユーザーが確信を持てるようにする

　メンテナンスを通じてQの単語を見直していくことで、より多くのユーザーをカバーできるようにします。ある程度良質の文で書かれたQをそろえても、実際には思ったほど閲覧されないことがあります。そういった場

合FAQに使われている単語がユーザーにとってあまり親しみがないという可能性が考えられます。そこで単語をより親しみあるものに変更するという推敲をします。

たとえば次の2つを比べた場合、同じぐらいの意味と品質なのですが感覚的には、Q1よりもQ2のほうが読みやすいと感じます。

> **Q1**：注文製品が着荷したが梱包が荷崩れしていた場合に無償交換をするWeb手続きは？
>
> **Q2**：注文品を受け取ったが箱がやぶれていた。無料で交換する手順は？（ネット）

感覚的なものである「読みやすさ」というものを可視化するために、数値で測る簡単な方法もあります。それぞれのQの文を日を変えて一定期間FAQサイトに掲載し、それぞれの閲覧数を比較します。条件が同じなら閲覧数が多いほうが多くのユーザーにとって親しみのある言葉で書かれたQだと判断できます。

FAQの作文にどんな単語を使えばよいかの判断は、ワード検索でユーザーが実際入力する単語や文も参考になります。同様にコールセンターでの集計されるVOCも参考になります。ユーザーが多く使っている単語をFAQに採用します。

検索ワードを集計すると、同じ意味でも表現が異なる単語もたくさん集まります。その中から最もよく使われている単語を掲載するFAQに使用し、2番目以降は同義語辞書に登録して同じFAQを検索できるようにします。このようにFAQの制作やメンテナンスに使う単語のヒントは、ユーザーが毎日のように入力してくれます。FAQをユーザーの言葉にできるだけ近付け、ユーザーが確信を持ってQをクリックできるようにメンテナンスします。

FAQの見つかる率を伸ばすゼロ件ヒット対応

ゼロ件ヒットワードに対するメンテナンスはFAQの検索ヒット率を上げ、それによりFAQごとの閲覧数や回答到達率を上げる効果があります。またFAQサイトトップの直帰率を減らします。

検索したワードがゼロ件ヒットワードになるのは、2つ原因が考えられます。

・見つけたいFAQがサイトに存在しない

・見つけたいFAQがサイトに存在しているのに検索ヒットしない

　1つ目のケースはゼロ件ヒットワードから見つけたいFAQを推測するしかありません。ゼロ件ヒットとなってしまったワードが単語ではなく文章に近かったり、複数のワードで書かれていたりすれば推測はしやすくなります。あるいはコールセンターに協力を求めれば、そのゼロ件ヒットワードから推測される問い合わせがわかるかもしれません。

　2つ目のケースは容易です。検索ヒットされるはずのFAQには検索ワードとは異なる語句が使われていたためにヒットしなかったということです。そういった場合はそのFAQで使われている語句の同義語としてゼロ件ヒットワードを登録します。それだけでFAQ検索システムが該当FAQをヒットしてくれるようになります。あるいはゼロ件ヒットワードを、検索ヒットされるはずのFAQのメタタグにする方法もあります。またメタタグならばFAQに使われている語句とは無関係にセットできます。

　ゼロ件ヒットになったワードを、同義語やメタタグではなくFAQのQの文に採用する場合もあります。これは、ゼロ件ヒットワードのほうが、もともとFAQで使われていた語句よりもユーザーに親和性があると判断した場合です。そしてもともとQで使われていた語句は同義語として辞書に入れます。

　なおゼロ件ヒットワードとなったからといって、必ずしもすべてメンテナンス対象とする必要ありません。FAQ運営においてゼロ件ヒットワードは無数に出てくるので、全部に対応していると目標達成のためには非効率です。ゼロ件ヒットワードとしてカウントが○○個以上のものを多い順に対応していくというルールをガイドラインに示しておきます。

形態素解析の調整によってFAQをさらに見つけやすくする

　第2章で説明した自然文を用いた検索方法において、FAQの検索に使われる単語をユーザーがワード検索に入力した自然文から取り出すしくみが形態素解析です。自然文検索は実際のFAQ運営で活用することもあるかと思うので、まずそのしくみについて述べておきます。

　形態素解析を使うしくみの最も基本的な流れは次のとおりです。

❶ユーザーが入力した自然文をシステムが品詞ごとに分解する

❷品詞のうち、FAQの検索に有用な単語をシステムがピックアップする

❸ピックアップした単語でワード検索する。ピックアップする単語が複数の場合は、複数の単語でand検索する

　FAQ検索システムによっては、形態素解析のしくみをFAQ運営者が調整できるものがあります。たとえば、❷で品詞を名詞だけにする、名詞と動詞にするなどです。また❸で複数単語を検索する前に、入力された自然文そのもので検索する、などです。

　この基本的なしくみを知っておけば、たとえば同義語やメタタグとの組み合わせなどで細やかな応用もでき回答到達率を高めることができます。形態素解析と同義語と組み合わせるとすれば、ここでピックアップされた単語一つ一つに同義語辞書との比較が行われます。同義語がある場合はそれらも検索のキーワードとしてFAQ検索に使われます。同様に分解された単語やその同義語はFAQごとに持っているメタタグも検索対象とします(図4-2)。FAQ検索システムによってはこの検索の順番はさまざまですが、順番自体を調整できるFAQ検索システムもあります。

図4-2　　自然語検索（形態素解析）と同義語、メタタグを使ってFAQ検索

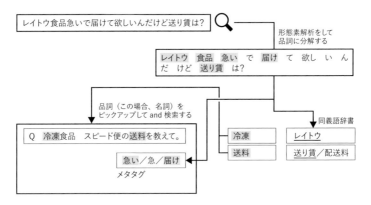

　またシステムによっては、形態素解析を使う・使わないということ自体を設定で変えられます。

　こういったシステムの微調整やFAQコンテンツのメンテナンスを重ね、検索ヒット率が上がればFAQの閲覧数が増え回答到達率も伸びます。形態素解析を使う・使わないといった判断や調整においても、まずは分析値や

KPIを見ながら検討します。

　注意する点は、「検索ヒット率を上げる」ということだけにこだわらないことです。検索ヒット率を上げて大量のQがリストされても、ユーザーがその中からFAQを見つけられなければ意味がありません。検索でヒットしたQの中にユーザーが自信を持ってクリックできるものがあるようにしておくことが必要です。そうなるようにQの文の品質を高めておく意識は忘れないようにします。

視認性の見直しと更新によってユーザーの見つけやすさを助ける

　ほとんどのFAQサイトでは、リスト化されたQが表示されます。ユーザーが検索や絞り込みをした場合でも、その結果はQのリストです。リストになったQを目の前にしてユーザーが求めるものを見つけやすくなっている状態を視認性が良い状態と言います。視認性が良いことでユーザーが「自分のFAQ」を見つけてクリックできるまでが早くなります。そのことでFAQごとの閲覧数と回答到達率は向上します。FAQのメンテナンスで文の視認性を意識し良くしていくのはそのためです。

　Qの視認性を高める作文はいくつかありますが、構築フェーズですでに行っているはずです。

・FAQ全体で同じ意味の語句をすべて統一する
・「〇〇を教えて」「〇〇を知りたい」などに統一する
・より多くのFAQで使われる単語を文頭にそろえる
・Qの文中で単語の前後を入れ替えて、FAQ全体で語句の順番をできるだけ統一する
・Qを短文化するためにさらに検索やユーザーの認識に必要最小限の語句だけにする
・Qにヘッダを付けてカテゴリなど見やすくする

　視認性を良くするメンテナンスのサンプルを次に示します。

　たとえば、以下の2つの文は単語を入れ替えているだけで、ほぼ同じ意味を表しています。

> **Before**
>
> **Q**： 広告で指定された店舗でスマホを購入した場合の割引率を教えて。

> **After**
>
> **Q** ： スマホを広告で指定された店舗で購入した場合の割引率を教えて。

　この場合「スマホ」という単語を文頭にした意図は、このFAQサイトでは複数のQにおいて「スマホ」が使われている頻度が高く、複数のQの文頭を共通に「スマホ」でそろえられると考えたからです。次のようにリストにすると、文頭の単語がそろえられているだけで視認性が良いことがわかります。文頭がそろっていると、FAQを見つけるときにユーザーの視線が左右に動くのではなく、本の見出しや目次を追うように直線的になります。

> **After**
>
> **Q** ： スマホを広告で指定された店舗で購入した場合の割引率を教えて。
> **Q** ： スマホの店頭価格とネット価格の違いを教えて。
> **Q** ： スマホの充電がきかなくなったので修理代を教えて。
> **Q** ： スマホの機種変更でクーポンを使いたいが期限を教えて。

　上記のようなメンテナンスをする場合、文頭で使える単語は何が良いか、複数のFAQとして共通性があるかを考えます。FAQ運営の推進フェーズがさらに進みFAQの数や内容が変わるにしたがって、文頭にしたほうがよい単語が変わるかもしれません。そのときもできるだけ文頭がそろえられるように再編集します。

　文中での単語を前後入れ替えるのには、若干の文章力も必要です。一方で共通のテーマであっても単語によっては文頭に記載しにくい場合もあります。そういった場合はQのヘッダとして付けておくという方法もあります。

> **After**
>
> **Q** ： ［料金・費用］ 指定された店舗でスマホを購入した場合の割引率を教えて。
> **Q** ： ［料金・費用］ スマホの店頭価格とネット価格の違いを教えて。
> **Q** ： ［料金・費用］ 充電ができなくなったスマホの修理代を教えて。
> **Q** ： ［料金・費用］ スマホ機種変でクーポンを使いたいが期限を教えて。

　上記のリストでは、複数のFAQに共通するテーマ[料金・費用]をヘッダとして表すことで視認性を良くしています。さらにQのヘッダ以外の文については、次のように「スマホ」を文頭にするとさらに視認性が高まります。

After

Q ： ［料金・費用］　スマホを指定の店舗で購入した場合の割引率を教えて。

Q ： ［料金・費用］　スマホの店頭価格とネット価格の違いを教えて。

Q ： ［料金・費用］　スマホの充電がきかなくなったので修理代を教えて。

Q ： ［料金・費用］　スマホの機種変更でクーポンを使いたいが期限を教えて。

　また、[料金・費用]というヘッダはスマホとは関係のないFAQにも共通して使えそうです。

After

Q ： ［料金・費用］　スマホを宅配便で送ってもらう場合の配送料を教えて。

Q ： ［料金・費用］　スマホの充電がきかなくなったので修理代を教えて。

Q ： ［料金・費用］　ネット会員の申し込みをしたいが入会金を教えて。

Q ： ［料金・費用］　ネット会員をアップグレードする場合の費用を教えて。

Q ： ［料金・費用］　プレミアム会員の2ヵ月目以降の月額費を教えて。

　ヘッダを付けると、視認性だけではなくFAQのカテゴライズの助けにもなることがわかります。

　いずれもFAQのQ全体で書き方を統一して、ユーザーにとってリストからのFAQの見つけやすさを高めることが視認性を追及する目的です。その成果としてFAQごとのAの閲覧数が伸びて、回答到達率が上向きになります。

　すでに気付いているかと思いますが、上記の文章はすべて文の最後が「を教えて」となっています。これも視認性を良くするとともにQの目的であるAを具体的にしてユーザーにクリックの判断を促す方法です。

　ただ、ここに挙げるサンプルの場合は、ヘッダでも統一的にAを示唆している場合は、「教えて。」は省いてもQの意味としては通じます。

After ▶

Q：[料金・費用]　スマホを宅配便で送ってもらう場合の配送料

Q：[料金・費用]　ネット会員の申込みをしたいが入会金

Q：[料金・費用]　ネット会員をアップグレードする場合の費用

Q：[料金・費用]　プレミアム会員の2ヵ月目以降の月額費

　上記のように文字数を少なくすることも推敲の一環ですので次に述べていきます。

文字数の調整によってユーザーが見つけるまでの時間をさらに短縮する

　ここではQの文字数を調整するメンテナンスについて述べます。Qを短文化することも視認性を良くして、ユーザーからの閲覧数、回答到達率が高まることが期待できます。ユーザーは早く解決までたどり着きたいからです。

　FAQのQとAに共通することですが、誤解のない作文をしようとするほど文はだんだん長くなる傾向があります。その一方でユーザーにとってはQもAも短時間で読めるほうが良いはずです。またFAQが短文だと、スマホの小さな画面で見る際のおさまりが良いです。FAQ運営者のメンテナンスのおいても、短文のほうが作業が早いです。

　以下は、Qを短くしていく一例です。

After ▶

Q：青いプレミアム・カードのどこにセキュリティコードが書かれているのか教えてください。

　　↓

Q：青いプレミアムカード上にあるセキュリティコードの場所を教えて。

　　↓

Q：プレミアムカード（青）　セキュリティコードの記載箇所は？

　　↓

Q：プレミアムカード（青）　セキュリティコード　記載箇所

　　↓

Q：[プレミアムカード青]　セキュリティコード　記載箇所

↓

Q : ［プレカ青］ セキュリティコード　記載箇所

　下に行くにつれてFAQの文字数が少なくなり短文になります。文は短くなりますが意味は損なわないようにしています。下3つはもはや文でもなく単語を並べているだけです。さらに下2つのFAQは、ヘッダを付けたことでユーザーの目を引くようにしています。最後のものは固有名詞を略称にしています。この手法は、スマートフォンをスマホに略すように、多くの人に認知されている場合に限って使えます。

　上記のように文字数を少なくし短文化しても十分意味は伝わります。それはFAQを探すときのユーザーは次のような思考状態だからです。

・困りごとやわからないことに限定して探す

・困りごとやわからないことを連想するワードは頭の中にある

　つまりユーザーは漫然と文を読んでいるわけではなく、ある程度探したいものにフォーカスを当てています。文から「てにおは」を省き単語を並べておくだけでもユーザーは欲しいものを高い確率で見つけ出せます。実はこのような手法は日常で目にする広告文や街中での案内の看板では昔から使われているのです。

　またQをここまで短文にしても、検索に必要な単語は残しているのでFAQ検索システムのワード検索でヒットします。ワード検索のしくみはもともと単語だけを検索するものだからです。

　短文化にはいくつか方法がありますが、ユーザーが理解できFAQ検索システムでも検索ヒットするのであれば、形式にこだわらなくてもよいと思います。これまでのカスタマーサポートでは、「FAQは文章で書く」という不文律がありました。しかしユーザーのことを考えると文章であるという慣習も今後はなくしてもよいかもしれません。

　Aの短文化についてものちほど述べます。

FAQに商品名・サービス名を使う場合の文

　FAQに企業独自の商品名やサービス名、または商品の型番(以下、固有名詞)を使う必要がある場合はどうすればよいのでしょうか。もし固有名詞に対してのユーザーの認知度が低ければ、FAQ閲覧数や回答到達率は低くな

ってしまう懸念があります。一部のFAQの閲覧数が下がるだけではありません。ユーザーがFAQサイトを眺めたときに、あまり親しみのない言葉がちらほら目に入れば、もしかしたらFAQを探すこともせずに、離脱するかもしれません。それでもFAQコンテンツにこういった固有名詞を使わなければいけない場合どうすればよいのでしょうか。

対応方法としていくつかあります。

・FAQサイトのトップに商品名やサービス名、型番の調べ方をわかりやすく記載しておく
・固有名詞でカテゴリ分けされた個別のFAQページにそのまま遷移させる

この手法は特にメーカー系企業でよく使われています。ユーザーがFAQを探しにいく前にまず商品名やサービス名などの固有名詞を調べてもらって、それらの名前で該当FAQ群にサイトの冒頭で分岐します。そのことで一つ一つのFAQページやFAQに固有名詞を使ってもユーザーとの距離感は縮まります。

さらに次の対処方法も有効です。

・すべての商品やサービスに共通となるFAQを準備する

一般に公開されているFAQサイトを見てみると、商品は異なるのに、問題の解決法や対処法が結局同じということがよくあります。もしそのような共有できるような問い合わせがコンタクトリーズン上位ならばユーザーは商品やサービスの固有名詞を意識する必要はありません。FAQサイトで「全商品共通」といった分類のFAQ群へ誘導するようにしておきます。そのことでFAQ自体には商品やサービスの記載がなくてもユーザーは安心してFAQを閲覧できます。

4-4

問題解決率の判断とAのメンテナンス

FAQの回答文（A）は、ユーザーを問題解決という最終目的地に到達させるコンテンツです。そのため日常の利用分析とメンテナンスによって、FAQ運営の大きな目標であるユーザーの問題解決率を高める必要があります。

　ただし本章の「FAQサイトで見る問題解決率による判断」（162ページ）でも書いたように、FAQサイトだけではFAQでの問題解決率という成果や貢献度を示す分析値は限られたものしか得られません。Qについては、ユーザーのAへの到達を測るいくつかのKPIとそれを高めるメンテナンスの方法があります。それに比べてAの良し悪しつまりユーザーの問題を解決できているかどうかを明確に数値化するのは、FAQサイトだけでは難しいのです。Aの貢献度を測る数値は次の2つです。

・回答ページでのユーザーの滞在時間
・ユーザーが協力してくれるアンケートの回答

　いずれもAの問題解決度合いを決定的に判断する値というよりも判断の目安となるものです。したがって本章の「コールセンターと協力した問題解決率による判断」（163ページ）で紹介した次のような値の収集は、定常業務として必須になります。

・FAQコール度数
・FAQ必要度数
・FAQ経由度率

　これらの分析値を判断しつつ、回答文をどのようにメンテナンスするのかを述べます。

「役に立たなかった」と反応されたFAQの改善

　Aに付いている、「役に立った」「役に立たなかった」というアンケートに協力してくれるユーザーは非常に少ないです。しかし協力してくれたデータは目安としては非常に役に立ちます。まずこのアンケートに協力してくれたユーザーは少なくともAを最後まで読んだという判断ができます。そう考えるとアンケートに反応が多いFAQは、より多くのユーザーにとって必要なものであると相対的な判断ができます。

　アンケート回答の中で「役に立たなかった」のカウントがある場合は重要視します。回答してくれた数に対して「役に立たなかった」との回答された率がたとえば10%だけでも、Aに何らかの改善をする必要があると考えます。アンケートの回答数は少なくても、ネガティブな反応の割合はアンケ

ートしなかった人を代表しての反応とも言えるからです。

Aを熟読して問題点を見いだす

　ではそのFAQが「役に立たなかった」のはなぜか、まずはFAQ運営者が今一度Aを熟読して考察します。あるいはコールセンターのオペレーターにも読んでもらって意見を聞きます。日ごろユーザーからの問い合わせに応対しているコールセンターのオペレーターであれば回答に何が足りないのか、ユーザーにとって何がわかりにくいのかといったアドバイスができると思います。さらにできればFAQ運営者でもコールセンターのオペレーターでもない立場の人に読んでもらって意見を聞きます。前提知識がなければ、文章としての基本的なわかりにくさへの意見がもらえる場合が多いです。

　考察や意見によってAを推敲します。

そもそもAの文の質が低くないかを確認する

　「役に立たなかった」との回答される率が高いFAQに関して、Aの文が低品質である可能性があります。まずAが次のようになっているか確認します。

- Qに対して一対一の回答になっていること
- Qに対する回答が冒頭で書かれていること
- 情報に場合分けがないこと
- 文字数が多くない（たとえば300文字以内）こと
- 行数が多くない（たとえば8行以内）こと
- 箇条書きになっていること
- リンクが多くない（たとえば1個以内）こと
- 専門用語などがなく、言葉が平易であること
- わかりにくいイラストや表がないこと

　守られていない点がたくさんあると、ユーザーが読みにくいか理解しにくくなっている可能性があります。

　まずはAの内容を上記に沿って書き直してみてください。そのうえでアンケートの回答がどうなっていくか確認してください。あらためて言うと、アンケートにユーザーから反応があるということは、そのFAQは確実にユ

ーザーに必要とされ、それゆえに最後まで読まれているということです。Aを書き直した成果は再びアンケートに表れるでしょう。

　基本的にユーザーの問題を解決できるのはAだけです。一つのAにより数多くのユーザーが問題解決をしてコールセンターへ電話をかける手間を省けます。そのように考えてAの推敲には時間と労力を惜しまないようにしましょう。

平均滞在時間の判断とメンテナンス

　Aに書かれている内容に対して平均滞在時間が短い場合は、きちんと読まずに途中で離脱しているユーザーが多い可能性があります。その原因としては次のようなことが考えられます。

・文章が長すぎる
・読みにくい書き方をしている
・理解するのが難しい
・リンクが多い
・Aの中に場合分けがあり、場合ごとの回答が書かれている

　つまり文としてAをユーザーがきちんと読んでいないか、読むのを避けているということです。読むユーザーの立場では、やはりFAQのAにたどり着いたからには最後までしっかりと読みたいと思うはずです。滞在時間が短い場合、ユーザーの読みたいという思いにAが応えていないことになります。

　これを解決する方法としては、次のような推敲をしてみます。

・まずQに対する回答を書く
・一問一答にする（Aの中で場合分けをしない）
・注意事項や解説は必要がない限り書かない
・リンクや装飾はできるだけしない
・あいさつやお詫びは書かない
・FAQ内に複数の回答がある場合は、FAQを分割する

　Aの文字数があまりに多かったり理解しなければいけない情報が多く感じたりするだけで、ユーザーは最後まで読まないかもしれません。Aはで

きるだけ必要最小限の情報量で書き、ユーザーが何度も読めるくらいのシンプルなものにします。

　またFAQ運営者も労力を惜しまず推敲を続け、ユーザーの滞在時間を確認するなどしてFAQを徐々に良くしていきましょう。

Aの短文化によって問題解決率を上げる

　Aを推敲する場合、まずAの情報をユーザーが問題を解決するための必要最小限の内容にします。Aの文は問題解決への情報が余さず書かれていれば、極力シンプルであることを心がけます。理由はもちろんユーザーが早く読め、理解しやすく、必要なら何度も読め、それゆえに問題解決に近付くからです。

　AはQに比べて情報が多く長文になりがちです。それだけに推敲して短文化することは容易です。文字数が多い分、短文化する余地がたくさんあるということです。たとえば次のような記載が入っているAは短文化しやすいです。

- ・挨拶、お詫び、へりくだった表現
  すべて削除する。あってもなくても問題の解決には関係ない
- ・回答文内での場合分け
  場合ごとにFAQを分割する。1ユーザーにとって不要な情報がたくさんある状態になっている
- ・丁寧すぎる文体
  必要最小限の丁寧語で端的に書く。必ずしも「です、ます」調である必要はない
- ・解決に必要な情報が書かれたリンク
  リンクにせずに、A内に書いてしまう。リンク先に遷移することで離脱の可能性が高まる
- ・関連のあるFAQへのリンク
  すべて削除する。統計上、「関連のあるFAQ」を読むユーザーはほとんどいない

　短文化のほかの方法として、QやAで使う単語について積極的に世の中に認知された略語や通称を使います。良い例が「パソコン」です。本来は「パーソナルコンピュータ」ですが、「パソコン」が通称となっているのでFAQの作文に使えます。本書でも「スマートフォン」ではなく、「スマホ」という表現を使っています。

　使ってよい略語や通称は、世の中で認知されているということが条件で

す。略語や通称はユーザーに理解されやすいし文字数も短くできるので短文化にも役立ちます。認知度が過渡期のものをFAQで採用する場合は検討の必要があります。

短文化の例は本章の「文字数の調整によってユーザーが見つけるまでの時間をさらに短縮する」(178ページ)でも示しています。

4-5

カテゴリのメンテナンス

カテゴリでFAQを絞り込むユーザーは多いです。そういったユーザーのFAQへのコンバージェンス、回答到達率を良くするためにも、利用状況を確認しながらカテゴリ自体をメンテナンスします。

もともとカテゴライズやカテゴリの命名はリリース前の構築フェーズから悩ましいものです。カテゴリは構築フェーズより推進フェーズでより良く作り上げていくようにします。そのためにも、カテゴライズやカテゴリ名をメンテナンスしやすいFAQサイトやFAQ検索システムにしておく必要はあります。リリース後の推進フェーズではユーザー利用状況も見えてきますので、カテゴリを段々と良くしていきやすくなります。

カテゴリはしっかり作られていれば、ユーザーがFAQを絞り込むのに非常に有効な手段です。しかしFAQサイトリリース後に、ユーザーからマイナスの評価をされることはしばしばあります。それらはFAQサイトの分析値で判断できます。

▌カテゴリの評価

FAQサイトにある各カテゴリの評価は、主に次の分析値で測れます。

・カテゴリごとのクリック数
・カテゴリ配下のFAQごとのクリック数

カテゴリは、FAQサイトに掲載されている多くのFAQを特定のグループに絞り込むという役割のため、シンプルにそのクリック数が評価指標となります。クリック数が多いカテゴリほど存在価値が高い可能性があります。

ただしクリック数が多くても、その配下にあるFAQのクリック数は多くない場合も考えられますので、併せて判断します。

クリック数が少ないカテゴリがある場合、次の原因が考えられます。

❶そのカテゴリは必要がないと思われている

❷そのカテゴリ名の意味がわからない

❸似たようなカテゴリ名があってどちらを選べばよいかわからない

❶❷は、カテゴリの問題で最もよくあることですがカテゴリ名の推敲をすることで改善することがあります。どんなFAQ検索システムでも、カテゴリ名の編集はすぐにできるはずです。ここで言うカテゴリ名の推敲とは、カテゴライズの意図を変えず違う表現にしてアクセス数がどうなるか見ることです。平易な表現にしたり言葉数を若干増やしたりすると良いです。その際に、あいまいな表現や企業視点での表現は避けます。カテゴリ名を変えてはアクセス数の変化を見るということを繰り返して、最適なカテゴリ名に近付けます。

❸については、カテゴリ数が多いと起こりがちな問題です。まずカテゴリ数が10個以上ある場合は9個以内になるように調整してみます[注1]。

カテゴリ配下のFAQごとのクリック数が少ない場合、次の原因も考えられます。

❹カテゴリ名とそこに属しているFAQが合っていない

❺そもそもFAQ全体のカテゴライズを間違えている

❹❺についてもよくある事象です。こういった場合、今一度FAQのQのタイトルを見直して、カテゴライズの再構成をしてみます。またカテゴリ名とそこに属しているFAQが一致していることがわかるためには、Qにカテゴリを連想する統一したヘッダを付けると有効です。

上記したようにカテゴリはシンプルな構造ですので、メンテナンスもシンプルです。大切なのは、効果が出るまで何度でも改善するという運用です。シンプルであるがゆえに、そういったPDCAは回しやすいと思います。そのためにやはりカテゴライズやカテゴリ名の編集が容易にできるFAQサイトやFAQ検索システムにしておきます。

注1　ただし9個の場合、カテゴリをFAQサイト上に「行列」で配置した場合おさまりが良くないので、8個以内が良いかもしれません。

カテゴリを推敲するための準備と環境

　カテゴライズやカテゴリ名の命名ルールについては第3章の「FAQのカテゴライズのルール」（143ページ）で述べています。多くのFAQ運営においてはFAQのカテゴライズは容易ではないというイメージを持たれています。

　したがって、上記したように構築フェーズにおいては完璧なカテゴライズを目指さず、FAQ運営を通じて徐々に成長させていくのがよいでしょう。リリース後の推進フェーズではFAQ自体が増減する場合もありますので、それに従って抜本的にカテゴライズをし直すこともあります。そのためFAQサイト環境はメンテナンスしやすい構成にしておきます。

　カテゴライズの推敲・メンテナンスは、やはりカテゴリが少ないほどしやすいです。カテゴリが少ないとユーザーにとっても選びやすいので、大前提として1階層で8個までのカテゴライズをします。

　8個のカテゴリでできることは多くはありません。またFAQとは違いカテゴリ名で使える文字数も限られています。その中で一つ一つがユニーク（一意）になるようなカテゴライズと命名を心がけて推敲します。

4-6

分析とメンテナンスで最も大切な心構え

　本章の締めくくりに、効果的な分析とメンテナンスを行いKPIを良くしていくための心構えを述べておきます。

コンタクトリーズン分析の定期的な実施とFAQメンテナンス

　コールセンターのコンタクトリーズン分析は、必ず定期的に行います。問い合わせの最新トレンドを常に把握するためです。たとえば以前はなかった問い合わせが直近で増え、その数がガイドラインで取り決めている閾値を超えた場合は、FAQサイトへの追加を検討します。

　すでにFAQサイトにFAQがあるのにコールセンターにも一定数問い合わせがある場合は、FAQサイト側に改善の必要があります。その改善に関してすでに述べましたが、それ以外にもコンタクトリーズンの多いものから

優先的に照らし合わせて、コールセンターへのお問い合わせで使われている言葉をFAQの文や同義語辞書やメタタグで対応するようにします。

コンタクトリーズン分析の重要性については、くどいようですが第5章でも触れます。

利用分析を正確にするにはコンテンツ（文）が大切

当然のことですが、ユーザーによるFAQ利用分析は正確に行います。正確に行うとはどういうことでしょうか。例を挙げて説明します。

次に2つのFAQパターンがあるとします。

パターンA

Q： 解約はどうすればいいのですか？

A： ネットで解約する場合……
電話で解約する場合……
解約に必要な日数は……

パターンB

Q： 解約する際に用意するものは？

A： 解約する際は会員番号と解約希望日をお知らせください。
なお解約希望日は解約申し込みの3日以上前にしてください。

Q： 解約を電話でしたい場合の受付時間は？

A： 解約を電話でしたい場合の受付時間は9：00~18：00です。

Q： 申込日から解約できるまでの最低日数は？

A： 申込みから解約できるまでの最も短い日数は3日です。

Q： 解約をネットでしたい場合のサイトは？

A： 当社Webサイトの右上の「ご契約者様」バナーをクリックし、
ご契約者ページに進みます。
右側中央あたりにある「解約の手続き」ボタンをクリックします。

パターンAよりもパターンBのQのほうが具体的で緻密に書かれています。当然パターンAよりもパターンBのほうが正確な分析値となります。パターンAのFAQをクリックされたデータから得られるVOCは、「解約したい」ということだけです。一方パターンBの場合、「ネット解約で準備する

もの」「電話で解約できる時間帯」「解約申し込みから解約までの日数」など
FAQをクリックされることでユーザーからの具体的なVOCが取れることに
なります。

　単に「解約したい」という問い合わせ内容がわかることよりも、「解約につ
いて○○が知りたい」と踏み込んだ問い合わせ内容がわかることは、カスタ
マーサポートの次の施策を考えるにあたって有効です。

　上記のようにFAQ運営で取れるデータの正確さは、FAQサイトにあるQ
の文の品質しだいです。FAQサイトやFAQ検索システムによってではなく
そこに投入するコンテンツによって分析が正確になるのです。

　このことはFAQだけでなく、コールセンターでのコンタクトリーズン分
析でも同様です。コンタクトリーズン分析でも「解約について」といった問
い合わせが○○件……といった大雑把なレポートではなく、「解約に準備す
るもの」への問い合わせが○○件、「ネットで解約するサイト」への問い合わ
せが○○件……のほうが、カスタマーサポートの施策を行うにはより役に
立ちます。より役に立つ具体的な問い合わせ傾向の分析は、コールセンタ
ーの応対記録で集積するVOCログの緻密さしだいなのです。

早めの判断とメンテナンス、FAQサイトへの反映

　FAQの分析とメンテナンスは日常的に行います。1文字編集するだけで
も結果として良くなれば更新です。メンテナンスは課題をため込んで一度
にたくさんするものではありません。

　またFAQの分析からメンテナンスそしてFAQサイト反映までに時間がか
かってしまうのは良くありません。その間もFAQサイトは常にユーザーに
使われているのです。今日した分析を明日FAQサイトに反映させるくらい
のスピード感が理想です。

　FAQが更新されれば、すぐにユーザーはFAQサイトで新しいコンテンツ
を読めるようになります。同時にFAQ運営者はすぐに効果を観察できます。
このようにFAQはWebサイトというよりもSNSに近い発想でどんどん更新
と修正を繰り返し良いPDCAサイクルにします。FAQ検索システムを導入
する目的はそういったスピード感ある運営を行うためでもあります。

　分析とメンテナンスをスピーディーにするためにも、分析からFAQサイ
トへの反映に至るまでの、分析の判断、メンテナンスの作業、承認、レビ

ューといった業務フローに滞りがないように、リリース前の段階で体制と
意識を整えます。リリース後にはブロッキングイシューを避けなければい
けません。またFAQサイトはインターネット上にあるので、ITにある程度
精通したFAQ運営者がいることが望ましいです。

分析、メンテナンスを継続し、FAQを絶対に放置しない

　FAQサイトは一度リリースすれば、放っておいても無人で仕事をします。
ともすれば分析もメンテナンスをせずに何週間も放置してしまいがちにな
ります。一方でFAQサイトには、コールセンターに問い合わせを行うより
も多くのユーザーがアクセスし膨大な足跡を残していきます。これらへの
応対は人の仕事です。FAQサイトは無人チャネルといえどもその背後は無
人となってはいけないのです。

　FAQ運営に残っているユーザー利用の足跡はコールセンターと違いはじ
めからデジタルデータです。集積・分類・分析も数値化はすばやく全自動
で可能です。その性質を利用すれば、判断も時間をかけずにスマートに作
業が進みます。そして人は人にしかできないコンテンツのメンテナンスに
のみ集中できます。

　FAQサイトの運営は、コールセンターの運営と比べてシステマティック
で合理的かつ低コストで良い結果を実現できます。あとはこれを継続的に
行うこと、そしてFAQサイトがある限りそれをやめないことです。継続し
ていれば成果は必ず出てきます。

Column

筆者が行ったセミナーやコンサルにおいて、よくいただくご質問とその回答を紹介します。

Q.

回答がどうしても長文になってしまう場合の対処は？

A.

　回答がどうしても長文になってしまう理由は2つあります。ユーザーに伝えたい情報はいくつかあるケースと、情報は一つなのに説明が長くなるケースです。

　前者の場合は情報ごとに分割すると回答が長文になることを避けられます。後者の場合、最低限ユーザーに伝えたいエッセンスを取り出すと、短い文章にまとまることがあります。それでも長文になる場合は、FAQに掲載しないという選択肢もあります。

Q.

一問一答のFAQは数自体が増えるが対処は？

A.

　FAQを一問一答にしていくと、FAQの数自体は増えてしまうことになります。それでもいったんFAQサイトに掲載し閲覧数を分析しながら、閲覧数が少ないものはFAQサイトから削除（非表示）するという運用をします。FAQを一問一答にしたとしても、テーマを絞ってFAQを掲載すれば一度にたくさんのFAQを掲載することなく整理をしながら運営を進められます。

Q.

機能や価格で判断が付かない場合のFAQ検索システムの選定ポイントは？

A.

　FAQ検索システムのベンダーが、企業が目指すFAQ運営の目的に対してどのように応えてくれるかがポイントです。システムそのものの提供だけではなくFAQ運営の成果に対するベンダーの協力姿勢で選定します。

Q.

アンケートの回答数を増やす方法は？

A.

　アンケートの回答数はなかなか増えませんが、やはり回答文が端的でシンプルでわかりやすいほうがアンケートに答えてくれる率が高まります。

Q.

ユーザーの年齢層が高い場合のFAQサイトの作り方は？

A.

　FAQサイトはユーザーの年齢層を意識せず作れます。良質なFAQならばどのような年代層にとってもわかりやすく問題自己解決しやすいからです。また、FAQサイトについてどのような年代に対してもシンプルな操作でFAQが見つけられるようにすることは共通の取り組みです。年齢層が高いからといってITリテラシーが低いという先入観も今後は持たなくてよいです。

第 **5** 章

FAQ運営の成果を
確実にしていく方法

本章ではここまでに書いたFAQ運営を行うことを前提に、その成果を確実にしていく方法を述べます。成果とはもちろん数値化できるもののことを言います。

FAQ運営者、カスタマーサポート従事者はもちろんのこと、経営に携わっている人にも理解してもらいたいと思います。

5-1

専門性の高いFAQ運営

ここまでの章で、FAQサイトはカスタマーサポートのメインチャネルになり得ること、さらにメインチャネルゆえFAQ専任者を任命する必要があることについて述べましたが、その点についてさらに言及していきます。

FAQ専任者の必要性

カスタマーサポートには、電話応対・チャット応対・メール応対といった有人チャネルと、WebのFAQサイトのような無人チャネルがあります。ただ、多くの企業のカスタマーサポートにおいてはそれぞれのチャネル間での連携にリアルタイム性はなく、各々で応対する状況となっているようです。

もちろん有人チャネルの延長線上にFAQサイトがあるわけではありません。有人チャネルのノウハウを使ってFAQ運営をしてもうまくいかないでしょう。

この理解と認識を助けるために、有人チャネルとFAQサイト（無人チャネル）を対比した表を示します（**表5-1**）。

このように表にして比較すると、有人チャネルとFAQサイトでは特色や応対状況に多くの違いがあり、違いの差も大きいことがわかります。これだけ違いがあるのなら同じメンバーで有人チャネルとFAQサイトの運営をするのではなく、それぞれに特化した体制で運営するのが理にかなっています。

つまりFAQサイト運営に特化した体制やFAQ運営に特化した専任者の任命は必須と考えたほうがよいです。FAQ専任者となれば、特化した業務に

表5-1　　有人チャネルとFAQサイトの性質の違い

内容	有人チャネル	FAQサイト
応対ユーザー	個人ごとの事情に応対	不特定多数に対して情報を提供
応対の時間	限られた時間帯に稼働	24時間稼働
応対のきっかけ	ユーザーに尋ねられて情報を提供	常に最新情報を公開
応対数の限度	オペレーター数が限度	実質限度なし
データ集積	人による記録、録音、音声認識	システムにより自動
データ分析	コンタクトリーズン分析は人手	システムにより自動
教育・トレーニング	オペレーターごとに必要。人によるばらつきがあり、ある程度時間がかかる	コンテンツ準備・システムのチューニングが必要。コンテンツは人による制作が必要
運営者のシステム・ITスキル	複数のシステムを使用し、それぞれで習得が必要	IT、クラウドを使うシステム利用スキルが必要
テキスト情報の提示	メール、チャットなど主に一人の人向け	公（インターネット）に向け不特定多数に提示
得意な問い合わせ	原則なんでも応えられるが、手続きやトラブルシューティングに向いている	一問一答での端的に対応できるもの。複雑ではないものに向いている
ユーザーからの時間への要望	問題が解決すれば時間が長くても我慢できる	短時間で自己解決したい
一般的なユーザーの初手でのアクセス率	30％。ネットで解決できないときなどにアクセスされることが多い	70％。最初のアクセス先に選ばれることが多い

対して目標達成のために集中的に工数を取ることができます。

　FAQサイトへのアクセス数だけを考えたとしても、FAQ専任者の任命は必要です。多くの企業においてFAQサイトへのアクセス量が有人チャネルに比べて圧倒的に多くなっていることは事実なのです。アクセス量が多いことに比例してユーザーの問題解決、満足度貢献に対する期待も大きいと言えます。ということは、問題解決ができなかった場合の失望も比例して大きくなるということです。

▌FAQライターのスキル

　第2章で述べた専任のFAQライターの任務はどれも重要ですが、シンプルに言うと次の一言に付きます。

・ユーザーが問題を自己解決できる文を書く

　インターネット上のサイトでユーザーに公式に提示している限り、FAQが確実に問題を解決できるものにしておくことは企業の責任です。またある意味企業のお客さま応対品質そのものです。そのため専任FAQライターが必要です。

　このことは、ユーザーの立場に立つとわかります。一般的には、さまざまなWebサイトを訪れて、そこにあるコンテンツを選んだり閲覧したりするかどうかは、ユーザーだけの意思決定です。具体的に言うと、商品やサービスの紹介、ネット通販、ネット動画、SNS、知識サイトなど、いずれもユーザーの好みや嗜好によって手に取ることも捨てることもできます。

　一方で困りごとを抱えているユーザーは必要に迫られてFAQサイトを訪れ、問題解決の突破口を探します。このときのユーザーの心理状態は、嗜好でコンテンツを選ぶのとは明らかに異なっています。企業側はそんな切実なユーザーの心理状態に応える義務があります。しかも自社製品のサポートサイトなので当然です。コールセンターではその義務を対話で果たせています。FAQサイトでは、その義務を文で果たせなければなりません。そこに専任FAQライターの存在意義があるのです。

　嗜好で選ばれるコンテンツでは、プロのライターやクリエイター、デザイナーが存在します。ましてや自社製品への問い合わせ解決のために選ばれるFAQコンテンツにも当然プロ（専任）のFAQライターが任命されるべきです。

カスタマーサポートの属人化の回避

　カスタマーサポートが有人チャネルに依存している間に、知識やノウハウの属人化という良くない現象が起こることがあります。有人チャネルのような有限のサポートの場合、システムを併用していてもユーザーに応対するのは人です。業務が忙しくなればなるほど、頼るところは人の能力（脳力）ということになります。人には経験やセンスによって能力の差は必ずあります。すると時間が経つにつれて、特定の人への業務や知識やノウハウの偏りが著しくなります。これが属人化です。

　属人化が悪い方向に進むと、特定の人がいないと仕事が停止するブロッキングイシューが発生します。また特定の人のミスがカスタマーサポート全体の致命傷になる場合もあります。属人化という状況は業務遂行においては避けたいネガティブな現象なのです。

　属人化の対策は、知識やノウハウ（ナレッジ）のシステム化です。人ではなくシステム内に最新のナレッジを整理して納め、それをユーザーやカスタマーサポート従事者が共有、活用するという考え方です。コールセンターの関係者が知識を共有するので、複数の関係者内でスキルや知識の差が少なくなり、ユーザー応対も平準化していきます。その場合もナレッジをシステムに覚え込ませるだけではなく、育てる（更新する）専任者が必要です（**図5-1**）。

図5-1　　属人化とナレッジのシステム化

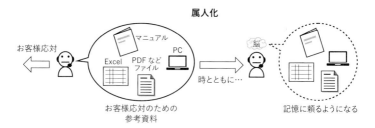

　なお「覚え込ませる」とはいわゆるAIに学習させるという意味ではなく、システムを活かせるようにコンテンツを常により良くしていくという意味で書いています。

　専任者自身は、ナレッジ運営のガイドラインも制定します。FAQ運営関係者全員がそれを踏襲していくことで、属人的な状況にならないようにします。ガイドラインを踏襲することで最新の知識やノウハウを共有しやすい状態にできます。

FAQ専任者が兼任せざるを得ない場合

　企業の諸事情によってFAQ専任者の任命ができない場合でも、FAQ運営

の時間は固定的に確保します。「時間があるときにやる」というFAQの分析
とメンテナンスの姿勢では、FAQサイトでの成果は出ません。

　企業の事情にユーザーは無頓着です。FAQ専任者が存在せずFAQの分析
とメンテナンスができていない間に、FAQ自体がどんどん陳腐化しKPIは
悪くなっていきます。そうなると兼任している有人チャネルにも電話への
問い合わせが増えてしまうなど悪影響を及ぼし、全体的に業務が逼迫しま
す。

　一方、FAQ運営をほかのチャネル業務と兼任するメリットもあります。
たとえばコールセンターから得られるVOCログのコンタクトリーズン分析
からFAQへの反映がシームレスにできます。兼任の立場で同時に見ること
ができるので両方のチャネルの「良いとこ取り」ができます。また兼任して
いるチャネルごとの得意分野がわかり、チャネル間で役割分担するポイン
トも見えてきます。

　上記したように、ほかのチャネル業務と兼任する場合でもFAQ専任者と
しての適性は必要です。またFAQのための一定時間の確保も必要です。コー
ルセンターのオペレーターとしての適性もFAQ運営に関する適性も兼ね
備える人であれば、兼任することによってすばらしい効果を出せるでしょ
う。

　もっとも、FAQ運営の効果によってコールセンターのコール数は大きく
軽減できます。カスタマーサポートのコスト全体で考えれば、コール応対
に充てられていた予算の余剰をもってFAQ専任者の人件費は確保できます。
つまりFAQ運営の費用対効果を出すつもりならば、FAQ専任者を任命する
のが一番なのです。

5-2

コンタクトリーズン分析は企業としての最重要課題

　カスタマーサポートは、言うまでもなくお客様（カスタマー）から問い合
わせがあるから存在します。もしその問い合わせ分析（コンタクトリーズン
分析）をあまりしていないとすれば、カスタマーサポート業務の大半を放棄
しているということになります。お客様あっての企業の利益追求からも遠
ざかります。

　重要性はわかっていても、コンタクトリーズン分析のやり方がよくわからず業務負担が大きいと勘違いしている企業も多いようです。そういった企業はコンタクトリーズン分析することを前提にしたカスタマーサポートに取り組んでいないのでしょう。初めからコンタクトリーズン分析が織り込まれた日々のカスタマーサポート業務を遂行すれば、工数はそれほどかからない定常業務にできることがわかるのです。

現状のACWとコンタクトリーズン分析の問題

　第1章でも解説したとおり、ACWはオペレーターが電話などでの応対のあとにユーザーとの対話内容を記録したVOCログを集積する作業です。集積されたVOCログがコンタクトリーズン分析の対象になります。多くのコールセンターでのACWの実態は、オペレーター自身が個人個人の文章力で作文（テキスト入力）していることが多いようです。そのためACWに要する時間が増えてしまっているというのが現実の問題としてあります。

　問題はACWに要する時間が増えていることだけではありません。作文に頼るACWでは、オペレーターに以下のスキルが必要です。

・ユーザーとの応対内容を要約するスキル
・対話を思い出しながら簡潔にわかりやすく書くスキル
・決められたフォーマットにまとめるスキル

　しかし、作文や要約が苦手なオペレーターもいます。時間が限られているなか顧客との対話内容を速やかに記録するのはタイピングスキルも必要です。そもそもACW自体がオペレーターによって負荷であると同時に、一定のストレスです。調査によると、ACWに関わる時間は**図5-2**のグラフのようになっています。

　VOCログがオペレーターの作文によるものなら、コンタクトリーズン分析の作業もまた人に頼らざるをえません。作文によるVOCログは、オペレーターによって表現内容がまちまちになりがちだからです。オペレーターによって書かれたVOCログを要約するシステムもありますが、要約の「方針」自体をシステムに設定したり細かく調整したりする必要があります。現状はそれ自体が大きなコストです。

　そう考えると、現状ACWはオペレーターの作文に頼っているがゆえにコ

図5-2　ACWに関わる時間

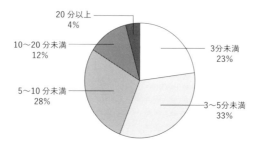

参考：『コールセンター白書2022』78〜79ページ

ンタクトリーズン分析まで大きな労力と時間、コスト などが伴い、また分析精度を悪くしている可能性が否めません。

ACWとコンタクトリーズン分析の解決策

　最初からコンタクトリーズン分析することを前提としてコールセンターの業務を考え直しましょう。そのことでACWのオペレーター作業も、コンタクトリーズン分析の作業も大幅に軽減できます。また分析の精度も高められます。高い精度の分析データは良いFAQの元となり、結果的にカスタマーサポートの効率も上げます。

　まずACWでは、オペレーターによる作文をやめます。その代わりにチェックや選択リスト式（以下、チェックシート）の記録にします。オペレーターはユーザーからの問い合わせを伺いながら、その中で聴取したキーワードをチェックシートの上で「選択」していきます。チェックシートはブラウザのUIで操作するようなしくみにしておけば、オペレーターの入力と同時に集計や分析がされます。

　もちろんユーザーのすべての問い合わせをチェックシートの選択肢にはできませんが、実際の問い合わせ内容には偏りがあります。偏りを利用すれば問い合わせは事前にある程度までパターン化できるのです。よくあるパターンから選択肢にしていき、チェックシートに仕上げます。普段からしっかりコンタクトリーズン分析をしていれば、その方法は合理的なことだとわかります。

　チェックシートにあるパターンに当てはまらない問い合わせ内容のみオ

ペレーターが作文し、チェックシートの補足メモとして残します。したがって多少は作文の作業は残ります。しかしそれを差し引いても、これまでのようにACWをすべての作文に費やすことに比べれば、作業負担は大幅に軽減されます。

　チェックシートを準備しACWの大部分をシステムに手伝わせることで、コンタクトリーズン分析も即座に完了するようにできます。また人を介す部分が減るのでヒューマンエラーも少なく精度の高い分析データになります。

　チェックシートのサンプルを**図5-3**に示します。こういったものはブラウザで使えるようにするのも比較的容易に制作できます。オペレーターがACWでアクセスすると即座に記録が残りそのまま分析するしくみを作るのは容易なのです。

　ヒントになればと思いますが、筆者はクライアントの許可を得たうえでGoogle FormsやMicrosoft Formsといった無料で利用できるアプリケーションでチェックシートを作ったことがあります。こういったしくみを使うと、集計（コンタクトリーズン分析）も同時に行えます。

　なおチェックシートそのものもコールセンターの運営をしながら更新し、オペレーターのメモ（作文作業）が必要なケースを減らすようにしていきます。たとえば特定の作文パターンが多いようであれば、その内容は選択肢としてチェックで選べるようにするなどです。

　ただしチェック項目が多くならないように注意しましょう。オペレーターが電話対応をしながらでもさらりと仕上げられるボリュームが理想です。そうすればACWに要する時間はゼロに近くなります。

FAQからのコンタクトリーズン分析で合理的な運営を行う

　コールセンターでオペレーターが応対用に使っているFAQ（ここではナレッジと呼びます）システムを利用してもコンタクトリーズン分析ができ、ACWの負担の軽減と分析精度の向上が行えます。

　方法は非常にシンプルです。問い合わせごとにオペレーターが参照するナレッジは、ユーザーからの問い合わせとそれに対する解決情報そのものです。オペレーターによるナレッジの閲覧数（正確にはユーザーに案内した数）が、各コンタクトリーズンの量を表していると言えます。

図5-3　ACWに利用するチェックシートのサンプル

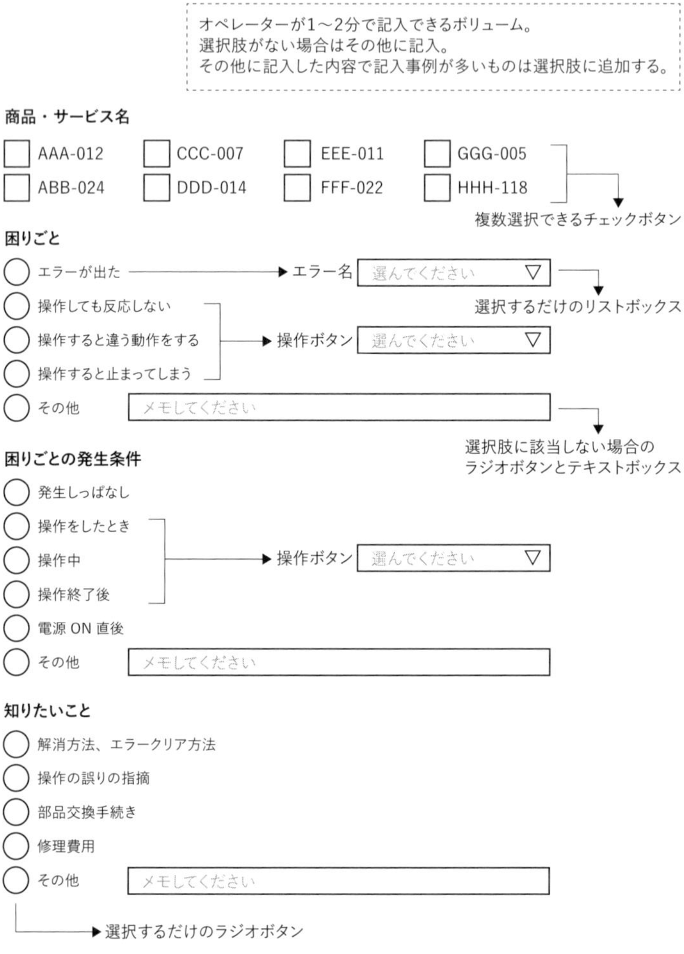

オペレーターが1〜2分で記入できるボリューム。
選択肢がない場合はその他に記入。
その他に記入した内容で記入事例が多いものは選択肢に追加する。

商品・サービス名

☐ AAA-012　　☐ CCC-007　　☐ EEE-011　　☐ GGG-005
☐ ABB-024　　☐ DDD-014　　☐ FFF-022　　☐ HHH-118

複数選択できるチェックボタン

困りごと

◯ エラーが出た ─────────▶ エラー名　[選んでください　▽]

◯ 操作しても反応しない　　　　　　　　　　　選択するだけのリストボックス

◯ 操作すると違う動作をする ──▶ 操作ボタン　[選んでください　▽]

◯ 操作すると止まってしまう

◯ その他　　　[メモしてください]

選択肢に該当しない場合の
ラジオボタンとテキストボックス

困りごとの発生条件

◯ 発生しっぱなし

◯ 操作をしたとき

◯ 操作中 ──────────▶ 操作ボタン　[選んでください　▽]

◯ 操作終了後

◯ 電源 ON 直後

◯ その他　　　[メモしてください]

知りたいこと

◯ 解消方法、エラークリア方法

◯ 操作の誤りの指摘

◯ 部品交換手続き

◯ 修理費用

◯ その他　　　[メモしてください]

─────▶ 選択するだけのラジオボタン

　例を示します。電話で問い合わせしてきたユーザーからの以下の要望を
オペレーターが傾聴しながら対話でまとめたとします。

・ABCサービスの正式会員である

・ABCサービスアプリのログインIDを忘れた

・IDとパスワードの再発行の手続きをしたい

・再発行の手続きをインターネットでする手順を知りたい

　そしてここに含まれるエッセンスを拾い、オペレーターはナレッジから下のQを抽出します。

> **Q**：　［ABC正会員］　アプリのログインID/PW忘れ　ネットでの再発行の手続き希望。

　オペレーターはQの内容で間違いないかユーザーに復唱し、確認したうえでそれをクリックしAの内容を案内します。その際にこのナレッジのQのクリックはタイムスタンプとともにシステム上に自動で記録されます。一人のユーザーが関連のある複数の質問をしてきた場合でも、それぞれに該当するナレッジをクリックすればすべて記録に残ります。

　ナレッジシステムがQも含めて記録してくれるので、オペレーターはユーザーからの問い合わせを作文する必要がありません。ユーザーに案内した内容についてもこのナレッジのA（回答）のとおりなので作文の必要がありません。ナレッジそのものがユーザーの問い合わせと案内内容を表しているのです。

　つまりオペレーターがナレッジをクリックした時点ですでにACWもコンタクトリーズン分析のための集積も完了しています。もしユーザーとの対話の中でナレッジに網羅していない点があれば、補足としてその部分だけをメモします。このようなオペレーションにしておくと、ナレッジシステムを使った場合でもテキストで作文する部分は必要最小限で済みます。

　ナレッジにユーザーの問い合わせ内容が存在しなかった場合だけは、作文で記録します。同様の問い合わせが多いのなら、新たにナレッジに加えておきます。なお、すでにこれまでの章でも述べましたが、問い合わせがナレッジ（FAQ）存在するかどうかが明確にわかるためにも、良質なコンテンツにしておく必要があります。

コンタクトリーズンの単位（粒度）と分析の精度

　あらためてFAQ運営におけるコンタクトリーズンの単位（粒度）を定義します。コンタクトリーズンとは、回答が一つに絞れるユーザーからの問い合わせの要点（エッセンス）です。それは良質なFAQの書き方とまったく同

じ考え方です。

　たとえば、以下のようなものは問い合わせの概要や傾向とは言えますが、コンタクトリーズンと言えるものではありません。これらの文に対する回答情報を述べるとしても一つに絞れないからです。

・パスワードを忘れました
・解約についてききたい
・送料関係のことについて

　上記それぞれが以下のようならどうでしょうか。

・ログイン時のパスワードを忘れたのでネットでの再設定手順を知りたい
・解約の手続きをネットでする場合の手順を知りたい
・定期購入商品（¥3,000以上）の年間の送料を知りたい

　これらについては、それぞれ対となる1つの回答情報が端的に示せそうです。内容が具体的で一意だからです。品質の高いカスタマーサポートでのコンタクトリーズン分析とは、ここまで明快にしたものです。

　コールセンターなら、ユーザーからの問い合わせを対話で聞き取って後者のようにまとめれば、対となる1つの回答を示すことができます。コンタクトリーズンとは、ユーザーの問いに応えるにあたり、ユーザーはどのような状況にあるか、何を望んでいるかを明確にできるように要約した情報です。それをFAQやナレッジのQに流用すると、ユーザーに向けて端的なAを準備できるのです。

コンタクトリーズン分析で見られる偏りを利用する

　ユーザー問い合わせ（コンタクトリーズン）ごとの量には偏りがあることについては第2章で触れました。この偏りの比率はマーケティング用語でいうパレート図（グラフ）に似ていますので、ここでは「パレート」という表現を用います。

　カスタマーサポートにおいて正しくコンタクトリーズン分析を行うと、パレート現象を確認できます。偏りは「2割の問い合わせパターンが問い合わせ合計数の8割を占める」のように表せます。この現象は多くのカスタマーサポートの現場で当てはまり、現場ではこれを「2:8の法則」とも呼ぶこと

もあるようです。そしてこの比率の2割の問い合わせパターンがまさにFAQ運営に応用できます。

この現象を利用すると、カスタマーサポートへのユーザー問い合わせアクセス合計が、ある期間で5,000人だとしても、2割のコンタクトリーズンパターンだけで4,000人のユーザーの問題が解決できると考えます。実数の偏りは利用しますが、だからといって運営が偏っているとは考えず、ユーザーにとっても企業にとっても合理的と考えます。

もちろん2：8の比率については企業によって差異がありますが、FAQにすべき問い合わせパターンは全問い合わせパターンのうち少数であることは多くの企業で共通しています。パレート現象を利用して少ないコンタクトリーズンに集中した運営をすれば、FAQの品質をスピーディーに上げられれます。

パレート現象を使うとより多くのユーザーに歓迎される

パレート現象をFAQ運営に活用すれば、FAQサイトやコールセンターのそれぞれの特性を活かした役割分担ができます。カスタマーサポートでのパレート現象は問い合わせ数の偏りを示したものですが、それを利用したFAQ運営では上記のように約2割のコンタクトリーズンだけでFAQを準備します。これはカスタマーサポートとしてけっして不公平な運営ではありません。むしろ多くのユーザーに歓迎されます。それは次のようなロジックが理由です。

❶FAQの数が少ないので集中的にFAQの質を高めることができる（企業側）
❷8割の問題解決ができる（ユーザー側）
❸ユーザーの問題解決率向上でコールセンターへのコストコールが軽減する（企業側）
❹コールセンターの電話はつながりやすくなる（ユーザー側）
❺電話がつながればコールセンターで手厚い対応を受けられる（ユーザー側）

FAQサイトで大部分のユーザーが問題解決できる反面、求めているFAQが存在しないユーザーも出てくることに不安があるかもしれません。そのためにもFAQが存在するかどうかがユーザーにすぐにわかるようにしておきます。そのことで、FAQが見つけられなかったユーザーが問題の解決先

をコールセンターに切り替える判断が短時間でできます。FAQが存在する
かどうかがユーザーにすぐにわかるようにしておくとは、良質なFAQの文
にしておくということです。

56%のユーザーの問題を完全に解決することを最初の目的にしよう

商品やサービスについて困りごとやわからないことを抱える全ユーザー
の56%。これをFAQ運営が目指す可視化された最初の目標として挙げま
す。この数値はパレート現象をもとにしてFAQで目指す解決率80%と電話
をかけたユーザーのうち、電話の前にインターネットで問題解決しようと
したおよそ70%という数値をもとにしました。

FAQで問題解決率の初期目標＝70%×80%

この数値目標は次のことを前提とします。

・全ての問い合わせではなく特に多い20%をFAQサイトに網羅する
・世の中のユーザーの70%は問題解決の初手としてインターネットにアクセスす
　るというデータがある

56%は最初の目標ですが、全ユーザーを母数とするとカスタマーサポー
トの対応力として大きいです。なおインターネットで問題解決を望む人だ
けを母数にすると、80%の人は問題解決ができるということです。

もちろんこの数値に甘んじることなく目標は徐々に上げていきます。そ
れにはやはりFAQの良質な書き方が寄与していきます。

5-3

FAQサイトはスモールスタートで公開したほうが早く効果が出せる

スモールスタートとは、文字どおり「小さく始める」ということです。Web
サービス開発などで「アジャイル」が進め方の一つとなったように、スター
トしてからサービスや機能をユーザーのニーズに合わせてだんだん良くし
ていくことをスモールスタートは目指しています。

　FAQ運営のスモールスタートでは、リリース当初のFAQ数を少なく限定してスタートします。それだと効果が出るまで時間がかかるのではと考えるかもしれませんが、実際はその反対です。スモールスタートとは未完成でのスタートではありません。少ないFAQ数でも、FAQの品質と効果を上げていくための準備はしっかりしたうえでのスタートが本書で述べるスモールスタートです。

一つのテーマを決めFAQサイトに明示する

　正しいコンタクトリーズン分析とパレート現象について述べました。そのうえで、ユーザーからの問い合わせ数上位20％の問い合わせパターンを使ったFAQが最も効果を出しやすいと述べました。スモールスタートでは、これらのパターンからさらに絞ったFAQ数でスタートします。FAQを小出しにして公開するのです。

　まず上記の20％パターンのFAQのうち、最初にリリースするテーマを絞ります。たとえばFAQのカテゴリを一つだけにするイメージでテーマを絞ります。通販サイトのFAQだとすればたとえば「商品の注文」カテゴリ、銀行のFAQだとすればたとえば「ATM操作」カテゴリ、機械メーカーのFAQだとすればたとえば「エラーメッセージ」のカテゴリ、インターネットプロバイダだとすればたとえば「料金体系」に関するカテゴリといった具合です。

　テーマを一つだけに絞るので、最初にリリースするFAQの数はそれほど多くならないはずです。本当にこれだけでスタートしてよいのかと思うような数かもしれません。しかしそのほうがよい理由を述べていきます。

テーマを絞ることで運営者にとってもFAQの質を高めやすくなる

　まず1テーマだけFAQでリリースすることのメリットを列記します。

・件数が少ないためリリース前の準備期間が短い
・リリース直後の分析やメンテナンスも工数が少ない
・短いサイクルで分析とメンテナンスができる

　1つだけのFAQのテーマに集中しFAQ数を限定することによって、リリース直後から短期間のうちにそのテーマでのユーザーの問題解決率を向上

させることができます。問題解決率が高くなっていくということは、FAQ
の質が上がっているということです。また同時並行して、FAQサイトへの
導線を太くしていきます。多くのユーザーが使ってくれるほど、FAQの質
も早く上げられます。

　特にリリース直後はワード検索でFAQがヒットしなかったり、多くのユ
ーザーが求めるFAQが見つからなかったりします。それらはFAQ運営者に
とっては優先的にメンテナンスしなければいけない点となりますが、テー
マが限定的なので作業もそれほど多くはないでしょう。ユーザーから見て
も短い期間でFAQが良くなり問題解決率の向上が早くなっていくことがわ
かります。

　さらに初めのテーマを絞っていることで、FAQ運営側でも担当者の分析
とメンテナンスに関するOJT(*On-the-Job Training*)、つまり現場での業務訓練
が集中的に行えます。そして今後FAQのテーマを増やした場合でも、最初
のときよりもスムーズな分析とメンテナンスの対応に慣れた状態にしてお
けます。

　スモールスタートの一つの注意点は、リリース時に限定して掲載してい
るFAQのテーマ(カテゴリ)を、全ユーザーに対して具体的に明示しておく
ことです。なんでもそろっているFAQサイトだと思ってしまうと、違うテ
ーマが目的のユーザーに無駄な時間を使わせてしまうからです。

スモールスタートからFAQを増やす方法

同じテーマでFAQを増やす

　特定のテーマに絞ってスモールスタートすると、そのテーマである程度
KPIが良くなり、運営者もFAQの良質化のコツと分析メンテナンスそのも
のに早く慣れてきます。そうなったら徐々にFAQを増やします。同じテー
マでは増やすFAQもそれほど多くはないと思います。コンタクトリーズン
分析と見比べたりコールセンターと相談したりして、一定期間での問い合
わせ数がガイドラインで決めた閾値より多いものだけを慎重に増やします。

　分析で見えるゼロ件ヒットワードも役に立ちます。ゼロ件ヒットワード
から連想されるFAQを増やします。そちらの手法については第4章を再読
してください。

別のテーマを増やす

　最初のテーマで状況が落ち着き運営のルーティンがしっかりつかめたら、新たなFAQのテーマ（カテゴリ）を追加し、そのテーマに対してまとまったFAQを準備します。もちろんリリース当初と同様、追加するFAQのテーマはコンタクトリーズン分析を参考にします。このとき追加するテーマのFAQの作文は、最初のテーマの最新の良質なFAQがとても参考になります。文体も使う言葉も、最初のテーマで良いKPIを上げたFAQのものをそのまま模倣できます。検索補助テキストの準備でも同様です。

　このように最初のテーマでのFAQという見本があるので、追加するテーマのFAQは投入直後からある程度良質にできます。またテーマの分析とメンテナンスの作業そのものも最初のテーマのときの経験が役に立つので、当初よりスムーズにできるでしょう。

　そのあとも続いてFAQのテーマを増やす場合は、テーマごとの質をしっかり高めてある程度の成果を出したうえで次のテーマに移るようにします。テーマが増えるにしたがってカテゴリもFAQも増えます。それに従い分析とメンテナンスも量が増えます。しかしスモールスタートで足元を固めていきながら進められるので、少ない工数で最大の効果を上げられます。

　なお、テーマを増やす場合も、最初のリリース時と同じようにFAQサイトのテーマ（カテゴリ）が全ユーザーにわかるように明示しておくことは忘れないようにしてください。

5-4

FAQサイトからFAQを削除する

　スモールスタートで始まったFAQも、時とともにその数は増えてきます。多くの企業のFAQサイトで大量のFAQが掲載されていますが、一般公開向けのFAQサイトの場合は効果を出すための最適なFAQ数があります。多すぎるFAQ数による負の効果や、FAQを削除することの良い効果、FAQサイトに掲載する適正なFAQ数について述べます。

　なおここではFAQを削除する、という表現をしていますが、FAQコンテンツのデータ自体を永久に削除するという意味ではなく、FAQサイトへの掲載や運営の対象外にする意味だととらえてください。

FAQの掲載数をコントロールする理由

　FAQサイトへ掲載するFAQの数が多くなれば、分析とメンテナンスの作業量が増えます。FAQ全体の言葉や表現の統一、同義語やカテゴリの管理、さらにFAQリストでの視認性(見た目)といったすべてのFAQに関わる作業が多くなるからです。FAQが増えるほどFAQどうしの関連性は増え、個々のFAQのメンテナンスと同時に関連性のメンテナンスが相乗的に増えます。これがFAQの数が多いことでFAQ運営者の作業負担が大きくなる理由です。分析とメンテナンスの量はFAQの数に正比例して増えるのではなく、加速度的に増えるのです。

　FAQの数に対してFAQどうしの関連性を総当たり的に考えると、もしFAQがN個あったら、理論的にはN × (N-1)になってしまいます。

100個のFAQの関係性 = 100 × 99 = 9,900
200個のFAQの関係性 = 200 × 199 = 39,800

　もちろんこの数は理論値ですので実際はこのとおりではないですが、FAQの数が増えるほど加速度的にその運営に関する作業が増えるというイメージは理解できると思います。

　さらにユーザーから見ると、FAQが多くなるにつれて期待するFAQにたどり着きにくくなるという現象も現れます。対象の情報が多いほどその中から目的のものを探すのが難しいのは経験上誰でもわかるでしょう。FAQサイトの検索機能を用いても、そもそものFAQ件数が多いと見つけたいものを絞り込むのに手間がかかるのです。

　特に一般公開向けのFAQサイトでは、上記のことを鑑みて、FAQ運営しながら定期的にFAQ数を整理しスリム化します。せっかくこれまで作ってきたFAQに執着を持ってしまう場合もありますが、大切なことは運営者の感情的なこだわりよりユーザーの利便性です。せっかく作ったFAQをより多くのユーザーに役立ててもらうためにも断捨離(整理と削除)をします。

パレート現象のロジックでFAQを削除する

　一般公開向けのFAQサイトにおいて、FAQを削除する目安はシンプルです。ユーザーにあまり閲覧されていないFAQを選んで削除します。それは

FAQサイトでのFAQごとの閲覧数というKPIを見れば判断ができます。特定の期間（たとえば3ヵ月）内での閲覧数が少ないと判断する閾値Nを設け、同じ期間でのFAQごとの閲覧数と比較します。閲覧数がNを下回ったFAQはFAQサイトから削除する、などです。

削除してしまうとそのFAQが必要なユーザーは困るのではないか、という懸念がありますが、そのユーザーは全ユーザーの少数派になるはずです。それらは有人チャネルに問い合わせてもらうと割り切ります。

ではNについて、どのようにすればわかるのでしょうか。前提としてFAQサイトに訪れる80%のユーザーを自己解決させることとして、パレートの法則（2:8の法則）をシンプルに考えます。つまりFAQを閲覧数の多い順に累積していき、累積した合計が全閲覧数の80%に達したときに、累積に加えられなかった最初のFAQの閲覧数がNになるはずです。**図5-4**で示すとこちらのとおりです。

図5-4　サイトからFAQを削除する閾値N

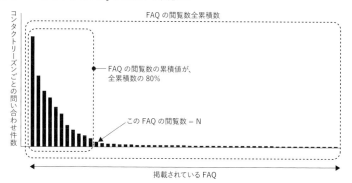

閾値Nを求めることは、FAQサイトでは容易です。求めるのに必要な数値はすべて自動で取得できるからです。

終了が近いサービスのFAQは削除する

当然のことですが、すでにサポートを終了した商品やサービスに関するFAQは削除します。さらに間もなくサポートが終了する商品やサービスに対しても一般ユーザーへの公開用FAQサイトから削除します。終了間近の商品への問い合わせは新たな問い合わせではなく、終了すること自体への

問い合わせが多いはずです。問い合わせ件数もある一定以上はあるかもしれません。しかし少なくとも今後は問い合わせがなくなっていくものです。それらに対してFAQ運営工数を使ってメンテナンスの必要性はありません。それらに対する分析値は減ってくるのでメンテナンスの判断もしにくくなります。

　終了間近の商品やサービスへの問い合わせはFAQサイトで応対するよりむしろコールセンターなど有人チャネルで受けるほうがユーザーの生の声やプラスアルファのご意見を得られて、企業にとってのマーケティングチャンスになります。また問い合わせをしてくれるユーザーは、その商品やサービスに対するファンや良いお客さんである可能性も高いです。そういったお客さんの声こそコールセンターのオペレーターが傾聴し、これからの商品やサービスへの参考とします。

5-5

良質なFAQを準備する

　言うまでもなくFAQにユーザーが期待するものは問題の自己解決ですが、そのためにユーザーはFAQという文を読む必要があります。文がユーザーの抱えている問題を明確にしその解決策を明示できれば、そのユーザーは問題解決できます。FAQの文の質がFAQのコアであり、カスタマーサポートの費用対効果を出しさらに企業の利益にまでつなぐことができます。企業はそのことを踏まえたうえで、FAQに対してしっかりとした投資を割り当てなければいけません。

　一方で文というものは、デジタル的に1か0で良し悪しが測れません。同じ文でも読む人によっては解釈や評価が違う場合もあります。FAQでどんな名文を書いたとしても100%の問題解決にはならないでしょう。

　FAQの書き方については第3章でも示しましたが、それを踏まえてFAQの文に対する取り組み方針などを整理します。

FAQは推敲を惜しまないが完璧は目指さない

　FAQは公開前に完璧を求めるのではなく、まずは公開し推敲を惜しまず

育てるという運営をします。実質的に育ててくれるのはユーザーだからです。

　そもそも完璧なFAQというものはありません。もし仮に完璧なFAQを準備できたとしても翌日にはそうではなくなるかもしれません。FAQは変わりませんが、FAQを読む不特定多数のユーザーの考えや周囲の情報が時間とともに変わっていきます。FAQを更新せずに放っておくと完璧どころか陳腐化していくとも言えます。FAQのもととなる商品やサービス情報の更新スピードが速いほど、FAQの陳腐化も早く進行します。

　FAQが陳腐化しないようにするためには、日々利用状況の分析とメンテナンスをします。FAQを推敲し日々更新・成長させます。FAQとは一度書いて手を触れずに静かに置いておくものではなく、ユーザーに提示して反応をもらい活発に育てていくものだととらえましょう。スモールスタートでアジャイル的なFAQ運営が、FAQの陳腐化をさせずに育てていきやすい方法です。

FAQはビジネス文ではない

　一般公開のFAQは、インターネットのサイト上で不特定多数の誰でも読むことができます。公になっているので、企業の公文書と言えます。ただ公文書だからといってFAQをビジネス調に堅い文にする必要はありません。「丁寧でたっぷりとした情報量の文が優先されるべきだ」と考える人もいるかもしれませんが、それは企業の視点であり、問題を早く解決したいユーザーへの配慮に欠けた視点です。文の丁寧さや情報量の多さとユーザーの問題解決にはほとんど関連性はないのです。

　次の2つの文章を比べてください。どちらがユーザー状況に対して問題の早期解決に効果的でしょうか。

◀Before
Q1：カードをどこかに落としてしまったのですがどうしたらいいですか？

A1：カードを外出先で紛失されてしまった場合、誰かに拾われ最悪の場合悪用されお客様の大切な個人情報や資金が勝手に利用される恐れが御座います。そういったこと避けるためにも紛失に気付かれましたらできるだけ速やかに必要各所に届け出をして頂くようお願い致します。またそれと同時に必ずお客

　　　　様相談センター（https：//www.soudannabc○○○.co.jp/infor）にも
　　　　ご連絡くださいますようお願いします。

　　　なおカードの再発行には大変恐縮ですが￥1,200のお手数料がかかります。再
　　発行はこちらでお手続きいただきますようよろしくお願い致します。ご理解の程
　　なにとぞよろしくお願いいたします。
　　　まずは悪用を未然に防ぐために最寄の警察署にすぐにご連絡お願い致します。さ
　　らにカード紛失の際のお客様相談センターは24時間365日運営しております。お
　　客様相談センターへは0120-xxx-xxxにお電話ください。なお電話が混み合ってい
　　る場合が御座いますのでその際はご了承ください。
　　　その他関連するFAQは次のとおりです。
　　　Ｑ：カードの破損について
　　　Ｑ：カード拾得届けがあったら
　　　Ｑ：AAAメンバーの再発行手数料

After

Q₁：カードを外出先で紛失！　急いで対処を知りたい。

A₂：カード紛失時の手続きは次のとおり。
　　　1.あわてず最寄り警察に連絡！　警察の指示に従い紛失届を提出する。
　　　2.お客様相談センター　0120-xxx-xxxに電話。（24時間365日受付）
　　　※つながらない場合でも留守電に録音　→折り返し電話します！

　　いかがでしょうか。Afterではあえて必要最小限のことを端的にかつ「！」
など記号を交えて書きました。ビジネス文でも丁寧でもありません。FAQ
としてもこれまで馴染みのない書き方です。しかしBeforeよりAfterのほ
うがユーザーの気持ちに寄り添い、しかも問題の早期解決に心強い印象を
与えます。

　　Beforeのように堅く丁寧すぎる文体にしても、ユーザーの理解や読みや
すさを助けるわけではありません。反対に読むのに時間がかかり、問題解
決までの時間が長くなります。またカスタマーサポートの一環だからと言
ってユーザーに阿る表現やお詫び、挨拶なども同じくユーザーの問題解決
と関連のない余計な文言です。

　　ユーザーの立場になってみれば、困っている場合は何をおいても「解決へ
の情報」が必要です。そして問題解決に必要な情報を際立たせるには、端的
で平易な文が良いのです。それは一見そっけなく冷たく見えるかもしれま
せん。しかしユーザーの最優先の目的である問題解決ができれば、結果は

1か0で言うと1です。問題が解決できなければ、どんな丁寧な文でも結果
は0です。

　端的で平易なFAQは、読みやすく時間が取られず、必要なら何度でも読
めます。そのことがユーザーの問題解決への最短距離になります。FAQの
目的はあくまでもユーザーの問題解決だということを常に念頭に置き、Q
とAを考慮します。

▌FAQの目的は全網羅ではない

　FAQサイトは、一般公開用、社内用、コールセンター用のどの場合でも
テキストコンテンツのサイトです。FAQサイトに設置するコンテンツ、つ
まりFAQの件数は、そもそもどれくらいが適当なのでしょうか。「FAQは
できるだけ多くのお客さまのためにできるだけ多くの情報が書かれている
べきだ」という方針には根拠がありません。FAQには分析値に根差したロジ
カルな判断が必要なのです。このことがユーザーにもFAQ運営者にとって
も高い成果につながります。

　良質なFAQが搭載されたサイトであっても、FAQ数が大量なら、FAQ運
営にとっての日々の利用分析とメンテナンスの業務量は多くなります。ま
た大量にあるFAQのテキスト情報の中から1つの問題解決方法を探す操作
は、ユーザーにとっても好ましくありません。問題解決といえども、ユー
ザーはFAQという情報の山の中にあまり長居はしたくありません。

　マニュアルや製品説明書と異なり、FAQサイトには必要な情報を必要な
だけという原則が許されます。そもそも一般公開用FAQサイトの場合「よ
くある問い合わせ」と宣言しています。「あまりない問い合わせ」は掲載しな
くてもよいのです。

　FAQ運営者の意識するべきことは、大量の情報をFAQサイトに準備する
ことではありません。FAQサイトに短時間しかいるつもりのないユーザー
が解決情報へ早く着地(コンバージェンス)するのをサポートすることです。
掲載するしないは企業が判断できますし、判断軸としてコンタクトリーズ
ン分析のパレート図で見られる問い合わせが偏る性質が利用できます。FAQ
サイトに掲載するFAQ(コンテンツ)について選択と集中は企業自らができ
ます。

FAQの分析とメンテナンスが面倒な原因を解消する

　良質なFAQにするには、日常のメンテナンスは欠かせません。ところが企業のFAQサイトの中には長期間更新されていないものは珍しくありません。原因はおそらく、分析とメンテナンス、公開に至る業務のどこかに面倒な部分があるからだと思われます。面倒の原因はおおよそ次のようなものです。

- ⓐ QやAの書き方の質が悪い
- ⓑ ガイドラインがない
- ⓒ FAQ専任者がいない
- ⓓ 分析や判断に時間がかかる
- ⓔ FAQ更新に関わる承認手続きが煩雑である

　上記したうちⓐ〜ⓒは、本書に基本的な解決方法が書いていますので再読してください。

　ⓓに関しては、システムで取得できるデータを活用しきれないのが原因です。システムを利用すればFAQのメンテナンスするための分析値はほぼ自動で取れます。それはFAQ検索システムを導入していなくても同じです。システムを活用しきれていないということは、いわゆるデジタルシフトできていないということにもなります。企業の経営層は改善の後押しをします。

　ⓔに関しては次にまとめます。

社内承認をスピーディーにする

　カスタマーサポートにおいてFAQの単純な修正や更新をするだけでも、社内の手続きを通すためユーザーへの一般公開が遅れることがあります。これはFAQ運営の足を引っ張りますので、経営レベルですぐ改善します。

　FAQ運営では、FAQの更新作業をしないとあっという間にやるべきことが山積みになってしまいます。それだけタスクが多いからです。FAQは公開前に必ずレビューと承認という段階が必要だと思いますが、せっかくFAQ運営者がスピーディーに利用分析をしてFAQ制作者がメンテナンスで課題をクリアしても、レビューや承認が滞るとその分FAQ公開が遅くなるばか

りか、さらに新しいメンテナンスのタスクが次々に滞留します。組織内の承認権者の稼働がボトルネックになってFAQで効果を出せないとなれば本末転倒です。

　FAQ更新のためには、承認依頼があれば承認権者は速やかに判断をします。公開できる場合は公開し、万が一公開できない内容の場合でもFAQ制作者に差し戻し再修正と再承認の流れを早くします。レビュー、承認については権限者が複数いれば、お互いに業務を補完し合うことによって滞りなくFAQ更新ができます。

　アクセスするユーザーの数が多く、その分問い合わせや期待される情報の変化も多いFAQ運営はスモールスタートとアジャイルで活発に進める動的な運営であるべきです。その足を引っ張らないように承認のスピードアップはカスタマーサポート全体あるいはもっと上の経営層から啓発、バックアップします。あるいは専任であるFAQ運営責任者に全権を委ねてもよいと思います。

5-6
FAQサイトのインタラクティブ性

　企業がインターネットにFAQサイトのようなカスタマーサポートサイトを設置している場合、インターネットの双方向性(インタラクティブ性)をよく認識し利用することで大きな成果を生み出せます。

インタラクティブ性の利用

　FAQサイトは、インターネットのインタラクティブ性を最大限活用できます。企業もユーザーもFAQサイトは固定的な情報掲載サイトのようにとらえている人が多いかもしれません。しかし企業が運営しているWebサイトの中で、FAQサイトほど流動的に運用するべきサイトはありません。

　FAQサイトでは非常に多くのユーザーからのアクセスと検索操作などのインプットがなされ、それに応じて自動的に情報の提示つまりアウトプットしています。ユーザーからインプットは、ページビューから始まり、検索のための単語入力、カテゴリボタンのクリック、各FAQのクリック、役

に立ったかどうかのアンケートへの回答クリックなどがあります。それらには、オペレーターに代わってシステムが反応してくれます。

　FAQサイトは無人チャネルなのですが、ユーザーから見てサイトの向こう側にはFAQ運営者がいます。多くのユーザーのインプットに対して、運営者からのレスポンスはユーザーの利用料状況の分析とFAQのメンテナンスと言えます。そしてそれがユーザーへの良質なアウトプットにつながります。

　FAQサイトがインターネットのインタラクティブ性を最大限活用できるのは、このようにユーザーからの積極的なインプットに対して最適なアウトプットを適時行える環境に置かれているからです。

FAQサイトはSNS

　SNSは、インターネットのインタラクティブ性を発揮しているメディアです。日常SNSを活用している人にはイメージしやすいでしょう。多くの企業もSNSのインタラクティブ性を活用して不特定多数のユーザーや未来の顧客に対してさまざまなコミュニケーションを取っています。

　FAQサイトもまた対峙しているのは不特定多数のユーザーです。個人の特定はできませんが、利用者からのどんな小さなインプット（入力)にも反応でき、FAQという情報をアウトプットできる点はSNSと共通しています。ということは、FAQサイトをSNSのようなユーザーとのコミュニケーションの場にし、ユーザーからの好感度を上げることもできます。その方法はもちろんユーザーの問題を解決できる質の高い情報という良いレスポンスをすることです。またFAQ自体が常に「成長」して問題解決というユーザーにとっての成功体験がだんだん増えるという状態もSNSとしての好感度を上げます。

　一般のSNSでは、レスポンスがなかったり遅かったり情報の質が代わり映えしなかったりすると、フォロワーは離れていきます。その点においてFAQサイトもまったく同じです。FAQサイトにとっての良いレスポンスとは、問題を解決する良質なFAQとそれ自体の成長です。問題を解決でき成功体験を得たユーザーは、FAQに対して「いいね！」つまりアンケートで「役に立った！」と応えてくれるようになります。

　良質なレスポンスのFAQサイトは、徐々にユーザーにとって頼れる存在

となります。商品やサービスについて知りたいことや調べたいことがあれ
ば、商品説明ページではなくまずはFAQサイトにアクセスするといったユ
ーザーの行動が今後は当たり前になるかもしれません。もちろんそれは企
業への好感度向上につながります。

FAQサイトのリピーターを意識する

　ほとんどのユーザーは、製品やサービスを購入や契約したら一定期間使
い続けたいと思い、実際に使い続けます。使う期間が長くなれば、その間
に起こり得る困りごとやわからないことは一つや二つではないでしょう。
ということは、商品・サービスのサポートサイトやFAQサイトに繰り返し
アクセスするユーザー(リピーター)は多いと考えられます。

　しかしFAQサイトで問題解決に手間どったり解決できなかったりが連続
したら、そのリピーターは根気強くFAQサイトにアクセスし続けるでしょ
うか。もちろんコールセンターにアクセスする方法もありますが、FAQサ
イトがそのような状態では電話もなかなかつながらないでしょう。最悪の
場合、そのリピーターはほかの商品やサービスに乗り換える道を選ぶかも
しれません。やはり最初にアクセスしたFAQサイトで問題解決できるほう
が、リピーターにとっても企業にとっても良いのです。

　FAQの運営をSNSの運営と考えリピーターの好感度を上げたいなら、更
新の粒度は細かく頻度は多くなるでしょう。SNSでは閲覧するユーザーの意
見や足跡に終始敏感にレスポンスすることが大切です。FAQ運営で言えば、
レスポンスとはユーザーの利用状況をつぶさに分析し、良いことでも良く
ないことでもそれらに細やかに反応しFAQをより良くメンテナンスするこ
とです。FAQ運営者の作業負担への心配は、FAQサイトがIT上のサービス
であることやFAQ検索システムの力を最大限活用すれば省力化できます。

　SNSでは、閲覧者からのコメントや意見に対してレスポンスが早いと「即
レス」「神レス」と高評価されます。FAQサイトは管理者が企業なだけにユ
ーザーもそれなりの「神レス」を期待するでしょう。その期待に応え続けら
れれば企業は高評価され、ユーザーはFAQサイトのリピーターから、製品
やサービスを使い続けてくれる愛用者になってくれます。

　FAQサイトはユーザーにとってSNSのような立ち位置でユーザーの成功
体験を量産し良い顧客を生み出せる、これからの企業の顔なのです。

5-7

経営者が理解したほうがよいFAQの価値

　ここまで効果の出せる良いFAQ運営方法をまとめてきました。企業経営や利益に特に関係あることがらも運営の視点として述べてきました。あらためて、そのポイントを以下にまとめます。企業の経営者や経営責任層の方々には、特に読んでいただきたいと思います。

FAQは公文書

　企業のWebサイトに掲載される情報は、いうまでもなくすべて公(おおやけ)になっています。世界中の誰もが見ることができるのです。企業のWebサイトを閲覧する人々は、そこに掲載されている情報について、実在の企業から発信された責任のあるものとみなします。ということは掲載されている情報は企業からの公文書と言えます。そのため、掲載される商品やサービスの説明や写真あるいは約款などの法的な文は、すべてマーケティングや広報、法務部が専門性をもって厳しくチェックしています。

　閲覧する人々からすればFAQも公文書として例外ではありません。Webサイトのほかの情報と同様、企業が責任を持って掲載しているものと人々は考えます。しかもFAQは、困りごとやわからないことを解決したいというユーザーの能動的アクセスに応対するという明らかな義務を担っています。そしてユーザーは、FAQがその義務を果たせるかどうかの評価もします。企業の公文書であれば、ユーザーの問題解決はできて当たり前です。したがって、その掲載内容はほかの掲載情報同様にしっかりとチェックされた質の高いものであって当たり前なのです。

　世の中の多くの人々が、企業情報、商品情報、サービス情報を調べたり問題を解決したりするのにインターネットを使っています。比率からしてもインターネットにカスタマーサポートを求める顧客が大多数を超える昨今、FAQの公文書としての責任はますます大きくなります。

カスタマーサポートの営利視点での可視化

　本書が詳しく述べるまでもなく、企業の経営状況はすべて数字で可視化されているはずです。可視化された数値をもとに経営層は知恵を出し合い、さらに数値を上向きにしていく事業計画を遂行していきます。

　しかし企業内でも、カスタマーサポート部門に限っては営利視点での数値化が立ち遅れているようです。おそらくカスタマーサポートは営利目的ではないという概念から離れられず、与えられた予算内で運営するという慣習になってしまっているからかもしれません。

　「営利」「利益追求」という言葉の響きには抵抗がある人もいるでしょう。しかし、特にカスタマーサポートにおいては、企業だけが利益を得るということではありません。まず「ユーザーの利益」、つまり利便性や満足度を追求することが、後追いで企業への信頼という利益になっていくということです。またこの絶妙なバランスで運営できているのが優れたカスタマーサポートです。

　カスタマーサポートをユーザーと企業双方の利益追求と考え、また直接的ではないにしろしっかり売り上げにも貢献できると考えると、営業やマーケット部門同様にしっかりとした事業の計画が立てられます。経営者層の方々は、足を止めてでもカスタマーサポートやFAQ運営に対して営利目線での事業計画を立ててください。それによってカスタマーサポートは予算消化つまりコストだけがかかる部門という考えから脱却できます。カスタマーサポート、FAQ運営に対しても経営戦略的に思考をしないと、企業として大きな利益を生み出せるチャンスを活かせないだけではなく大きな損失となります。

　またカスタマーサポート部門のために、利益追求的な運営状況を企業内全体に向けて発表する機会を作ってください。カスタマーサポートの営利活動を社内全体で共有することで、カスタマーサポートの立ち位置の重要性やカスタマーサポートへの社内協力体制も実現できます。

FAQによるユーザーリサーチの価値を重視する

　カスタマーサポートを抱える多くの企業は、Webサイトよりコールセンターへ圧倒的に大きな投資をしているのが現実です。

　コールセンターにはユーザーからの問い合わせを電話やメールを通じて直接受けているゆえに、感覚的に緊迫度や重要度がより「大きな声」に聞こえるからだと思います。しかしもしそのとおりだとすると、企業は「感覚」でカスタマーサポートへの投資をしていることになります。

　経営は感覚で推進するのではなく、さまざまな「数値」を冷静に見ることから始まります。本書で何度か触れましたが、実数を見るとカスタマーサポート全体のアクセス数は、FAQサイトといったWebへのアクセス数のほうがコールセンターよりも圧倒的に多いのです。

　数値を冷静に見ると言えば、原則として人々が多く集まる場所ほどより多くの投資をするのが常識的な経営ですが、カスタマーサポートにおいてはなぜかそうはなっていません。

　企業の各部門の中でもダントツにユーザーのアクセス数が多いカスタマーサポートを冷静に分析すれば、利用価値の高い数値に溢れています。そしてそれらの数値のバリエーションや分析もWebサイトでは非常に正確にできます。ユーザーのためにも数値に目を向けた投資と運営に今すぐ切り替えることをお勧めします。

インターネット上での企業経営とFAQの親和性

　インターネットにアクセスしさえすれば、人々はいつでも何度でもどこからでもサービスや商品の情報にアクセスできます。企業側もインターネットという空間やWeb技術を利用して、店舗やオフィスと変わらないサービスを提供しています。それが企業のWebサイト活用です。Webサイトにはリアルな社員や店員はいない代わりに、利用者は情報の閲覧から料金の支払いなどに至るまで自分で解決できるしくみになっています。そのしくみが使いやすいWebサイトは良い商品やサービス同様、利用者に評価されます。

　利用者が困りごとに直面しても、企業Webサイトにはサポート用にFAQがあるから安心です。リアルな店舗の店員のようにFAQが利用者からの質問に応対し問題の解決を促します。

　もしリアルな店舗において、利用者の困りごとのうち30%しか解決でき

ないようなら[注1]、その店舗は間違いなく評価が下がるでしょう。

　このようにWebサイトをリアルな店舗やオフィスにたとえて考えると、店員や社員代わりのFAQの存在がとても重要です。上記したように無人であるWebサイトは使いやすさや解決しやすさが最も大事です。FAQが利用者の困りごとをわかりやすく的確に解決するのは非常に重要な任務と言えます。

　リアル店舗の店員の勤続年数が長いほど知識と経験が増えるのと同様、FAQサイトも運営が長くなるほどメンテナンスによりユーザー応対のノウハウがたまります。商品やサービスの知識力や語彙と体力は、リアルな店員に負けません。知識力とはFAQコンテンツわかりやすさ、語彙とはシステムによる検索性能、体力とは24時間365日応対できることです。また一度に何人の客にも応対でき、一度言われたこと（ユーザーからのインプット）はけっして忘れません。

　上記を踏まえFAQでの問題解決率を100%に近付けることは、経営者の重要な任務と言えます。

FAQ運営でのシステムとの付き合い方

　FAQ運営においては、さまざまな「システム」が検討されます。本書で解説しているFAQ検索システムは、チャットボットを含めてその代表です。さらにシステムの製品名に「AI」と付いたものや「生成AI」と言われるものも、FAQ運営のソリューションとして取り上げられます。

　システムの検討をすることは、FAQ運営において大切なことです。ただシステムそれ自体は、ユーザーからの困りごとやわからないことへの具体的な解決策を提供できないことは心にとどめておきます。ユーザーに具体的な解決策を提供するのは、言うまでもなくコンテンツなのです。

　FAQ運営を始める際や改善を始める際に、真っ先にシステムを導入しようとしている企業を散見します。それどころかシステムだけ先に決まっているということもあります。これは登る山もその様子もわからないのに高価な登山道具だけを先にそろえてしまうようなものです。

　賢明な経営者はわかっていると思いますが、いかなる業務でも現状を知

注1　多くのFAQサイトでの問題解決率は30%程度だというのが現状の一般的な統計です。

ることが最初の一歩です。それがFAQ運営なら、コンタクトリーズン分析をしっかり行う、質の高いFAQをそろえる、KPIやKGIを見定める、そのうえで必要なら運営の要件を満たすシステムを検討する、という順番です。この順番を間違えると、運営コストの大部分が過大なシステム費用ということにもなりかねません。

またシステム検討をする際にベンダーと共同でシステムの試用、つまりPoC（*Proof Of Concept*）を実施することがあります。しかし漫然とPoCを行い感覚的にシステムを評価しても時間の無駄です。実運用同様にFAQコンテンツと見極めたいKPIをいくつも準備したうえでPoCを開始します。ベンダーも、PoC後にシステムを採用してもらうために協力してくれます。ベンダーにサポートしてもらいながらシステムのあらゆる機能を試し、導入時のベストなシステム設定を見つけるのもPoCの目的です。

FAQ運営にとってシステムが手放せない道具となるかガラクタとなるかは、事前の経営視点での熟考が大切です。

FAQサイトをカスタマーサポートのメインに

有人チャネルをメインのカスタマーサポートに位置付けている限り、今後運営は非常に厳しくなります。人手不足による求人難、就業定着率低下がしばらく前から顕在化しているからです。人手不足という状態はオペレータ1人当たりの業務量とストレスを増やし、問い合わせの応対品質の低下を招きかねません。それは顧客満足度の低下につながり、経営自体をおびやかすことになります。

そこでこれからは、FAQサイトをメインのカスタマーサポートにすることをお勧めします。人による直接的な応対が全ユーザーにとってベストという固定観念にとらわれている経営者には青天の霹靂でしょう。しかしWebサイトでユーザー自ら問題を解決してもらうという方策こそが、これからのあるべき合理的な姿なのです。企業にとっては人手不足や応対品質低下を解決できるだけではなく、ユーザーのニーズにも寄り沿っているからです。

お困りごとのあるユーザーがまず向かう先は電話ではなく圧倒的にインターネットであるということは何度か述べました。若い世代ほどその傾向

にあり、統計でも示されています[注2]。つまり多くの人々は、困りごとはインターネットで自己解決することをメインと考えていると言えます。

　無人チャネルであるFAQサイトをカスタマーサポートのメインにするという英断ができるのは経営者だけです。そのためにはFAQの運営を見直し、有人チャネル並みの高い問題解決率にしなければなりません。大きな改革になるかもしれないので、経営者がその陣頭指揮をとってもよいのです。

┃ コールセンターへの好感と信頼感を上げる

　企業に欠かせないコールセンターですが、冷静に考えると客1人にオペレーター1人が付きっきりで時間無制限で応対してくれるのはとても贅沢なサービスと言えます。しかもほとんどの企業では応対への対価を求めません。一方でコールセンターに対して、好感と信頼感を安定的に持っている客が多いかどうかは疑問です。それは、コールセンター業務に従事する人たちのサービスに対する誇りや自負のなさにつながり、それは求人難や就業定着率の低さに表れています。

　たとえFAQサイトがカスタマーサポートのメインチャネルになったとしても、今後もコールセンターは不可欠です。その理由は次のとおりです。

・FAQサイトに掲載されていない問い合わせはコールセンターに問い合わせる
・インターネットをうまく使えない人や使いたくない人はコールセンターに問い合わせる
・込み入った問い合わせや個人的な相談はコールセンターに問い合わせる

　これからも必要なコールセンターは、贅沢とも言えるサービスを提供し続けます。であれば、コールセンターという存在とそこに従事する人たちの社会的な価値をもっと高めなければいけません。

　カスタマーサポートのメインとなったFAQサイトで全ユーザーの大半が困りごとやわからないことを自己解決できるようになれば、コールセンターへの問い合わせ数が軽減されます。そしてその分、問い合わせ1件当たりのオペレーターの応対はゆとりを持ってできるようになります。つながりやすく手厚い有人対応は、まさにユーザーの好感と信頼感を向上させます。それはコールセンターに対する謝意や敬意に必ずつながります。そん

注2　『コールセンタージャパン』2023年5月号、リックテレコム、69〜75ページ

なサービスにオペレーターも誇りを持てるようになるでしょう。

　ユーザーが謝意をもってコンタクトセンターにアドバイスを仰ぎ、オペレーターはそこで働きたいと考えるあこがれの職業にするのは、経営者の義務であり得意とするところだと思います。

Column

筆者が行ったセミナーやコンサルにおいて、よくいただくご質問とその回答を紹介します。

Q.

FAQサイトに掲載してはいけない問い合わせとは？

A.

FAQサイトに掲載してはいけない問い合わせは次のようなものです。

・この数値を超えたら掲載すると決めた閾値を超えない数の問い合わせ
・回答の説明が非常に長く、複雑になってしまう問い合わせ
・お叱りに対する対応

またFAQとして掲載していてもFAQへのアクセスもコールセンターへの問い合わせも来なくなってしまったものは、FAQサイトから省きます。

Q.

どうしてもコールセンターの業務が優先でFAQ更新が追いつかない。対処は？

A.

このようなことは、FAQ運営をコールセンター業務の片手間で行ったり、「時間があればやる」といった意識体制であったりする場合に起こり得ます。それほどコールセンター業務が忙しいのであれば、コールセンターへの問い合わせをはるかに超えるアクセス数がFAQサイトに来ているはずです。したがって片手間ではなく、FAQ専任者を任命しその担当者にFAQ運営を任せます。そうすることでFAQサイトの効果が上がっていき、コールセンターの逼迫が防げます。

Q.

すでにFAQ運営をしているが閲覧されていないFAQは不要か？

A.

一定期間閲覧されていないFAQはためらわずにFAQサイトから削除（FAQ運営対象外にする）しましょう。またコンタクトリーズン分析を続けていればリアルなよくあるお問い合わせがわかるので、いったんFAQサイトから削除したFAQ

も問い合わせが多くなれば復活できます。

Q.

FAQ検索システムを導入しているのですが、検索するとFAQがたくさん見つかってしまう。原因は？

A.

　ワード検索するとFAQがたくさん見つかってしまう原因は、当然検索するワードが実際にたくさんのFAQに含まれているからです。それ以外の望まないたくさんのFAQが見つかってしまうケースとしては、以下のようなことが考えられます。

・FAQ検索システムがQだけでなくAも検索対象としている
・OR検索となっている

　そういった場合は検索対象をQのみにして、and検索にシステムを設定します。

Q.

FAQのAでコールセンターに案内してよいか。

A.

　FAQだけで完結できるような問い合わせならばFAQで完結させましょう。FAQからコールセンターへの案内はお勧めできません。ただしコールセンターでしか対応できないような問い合わせの場合、まずFAQでコールセンター問い合わせ前までの準備を案内し、その準備をしてもらったうえでコールセンターに連携するという方法はあります。

おわりに

むずかしいことをやさしく

　私が何か表現するときの座右の銘は、作家井上ひさし先生の「むずかしいことをやさしく、やさしいことをふかく、ふかいことをおもしろく、おもしろいことをまじめに、まじめなことをゆかいに、そしてゆかいなことはあくまでゆかいに」です。

　カスタマーサポートには、複雑なことや難しいことが本当に多いなとつくづく思います。そこにFAQ運営を絡めてやさしく書くために、私は何度も右往左往しました。そのさなかにも、実際のカスタマーサポート現場で複雑な運営や、新技術のご相談から学びを得て本書をさらに深くすることになりました。

　さて、ここでもう一度「FAQってなに？」と考えてみます。FAQはWebサイトで「よくあるお問い合わせ」ページに載った、たくさんのお客さまから何度も寄せられるご質問集です。「あなたがしたい質問もここにあるかも。どうぞ見つけて。困りごとを自分で解決してくださいね」というものです。リアルなお客様サポートでの成功ネタをそのままここに記しておけば、訪れるお客さまにも役立つはず。つまりFAQは知恵の伝言です。でも大半がうまくいっていないのはどこかに伝言ミスがあるからでしょう。

　伝言ミスはやっぱりあったのだと証明する出来事は、本書を書いている最中に起こりました。生成AIがFAQの救世主であるかのように取り上げられ始めたことです。そこで私も生成AI自身とじっくり話をしてみました。私自身が感じたことは、生成AIは質の高いQづくりなら頼れるかも、ということです。それから、もし生成AIを救世主として雇いたいのなら、当然のことながらユーザーやFAQ運営を救う「理想の質問と回答」を雇う側自身がわかっている必要があるということでした。

FAQ運営をとことんゆかいに

　本書でカスタマーサポートとFAQ運営に関して「むずかしいことをやさしく、やさしいことをふかく」はできたと思います。その先の「おもしろく、ゆかいにする」ことは、読んでいただいたみなさまにバトンタッチします。バトンがうまくつながるためにも、いくつものヒントを書いています。そ

の一つは作業の成果を可視化（数値化）していくことです。何ごとも作業の成果や成長がはっきり見えていることはモチベーション、一喜一憂につながるはずです。見えること、手ごたえがあることで次がゆかいになる。そうやって私たちは生活しています。いつもベストではなく、伸びしろがある状態です。そこにおもしろみを感じて成長していくことでゆかいになれるかどうかは、読んでいただいたみなさましだいです。

有人チャネルの価値を上昇させられるのは質の高い無人チャネル

　私がFAQコンサルティング活動を始めた動機は、人の仕事の価値向上のためです。本書ではFAQサイトを中心とした無人チャネルがカスタマーサポートのメインとなるべきだと書きました。ユーザーが初手で頼る先はインターネットが圧倒的だからです。しかし今はFAQの質が貧弱な分を有人チャネルで担い、生身の人間が大量の役務とストレスを強いられています。経営層がユーザーのニーズをしっかりとらえられていないせいで、貴重な有人チャネルの地位と価値が下がってしまっています。無人チャネルにしっかり仕事をさせることで、有人チャネルは血の通った人間にしかできない仕事にそのリソースを注ぎ込め、本来の存在価値となるのです。

FAQの取り組みへのお礼と意気込み

　前著『良いFAQの書き方』は、私の期待以上に注目していただけました。いろいろな方々からのお問い合わせもたくさんお請けし、いずれも建設的で前向きな関係につながっています。やはりカスタマーサポートに関係しているみなさまは、真摯にお客様のことを思い日々取り組んでいるのだなとあらためて確かめられています。私自身も前著の出版以来、たいへん多くのことを学ばせていただき、ご縁を賜ったみなさまにはお礼のしようもございません。そこで前著のあとがきでも宣言させていただきましたように、ことFAQをめぐる活動については少しでもみなさまにお役に立ちたいと思い、本書を刊行しました。

　これからも本業を通じてさまざまな体験と勉強をさせていただくと思います。そして折に触れてそこからえた良いノウハウをできるだけ広くみなさまに還元できるように精進していく所存です。ご縁は無限に待ち望んでいますので、いつでもお気軽にお声かけください。おもしろくゆかいなことをあくまでゆかいにできるお手伝いをとことんしていこうと思います。

索引

●執筆者プロフィール

樋口 恵一郎（ひぐち けいいちろう）
ハイウエア株式会社代表。FAQコンサルタント

開発者、通信機器SEを経て2007年からはWebサービスやFAQを中心としたコールセンター周辺技術の業務改善コンサルを進めている。サービス導入、運用を通じてAI等の周辺技術（音声認識、自然語対話、チャットボット、FAQシステムなど）に精通するも、それらを活かすのはコンテンツの質であることを実証し多くのコンサルティングや講習を提供している。

カバー・本文デザイン	西岡 裕二
レイアウト・本文図版	有限会社スタジオ・キャロット
編集アシスタント	北川 香織、小川 里子
編集	池田 大樹

WEB+DB PRESS plus シリーズ

良いFAQの育て方
サイト作成・改善・効果測定で成果をあげる運営手法

2023年11月24日　初版　第1刷発行

著者	樋口 恵一郎
発行者	片岡 巌
発行所	株式会社技術評論社
	東京都新宿区市谷左内町21-13
	電話 03-3513-6150　販売促進部
	03-3513-6177　第5編集部
印刷／製本	日経印刷株式会社

● 定価はカバーに表示してあります。

● 本書の一部または全部を著作権法の定める範囲を超え、無断で複写、複製、転載、あるいはファイルに落とすことを禁じます。

● 造本には細心の注意を払っておりますが、万一、乱丁（ページの乱れ）や落丁（ページの抜け）がございましたら、小社販売促進部までお送りください。送料小社負担にてお取り替えいたします。

©2023　樋口 恵一郎
ISBN 978-4-297-13859-2 C3055
Printed in Japan

● お問い合わせ

本書に関するご質問は記載内容についてのみとさせていただきます。本書の内容以外のご質問には一切応じられませんので、あらかじめご了承ください。
なお、お電話でのご質問は受け付けておりませんので、書面または弊社Webサイトのお問い合わせフォームをご利用ください。

〒162-0846
東京都新宿区市谷左内町21-13
株式会社技術評論社
『良いFAQの育て方』係
URL https://gihyo.jp/　（技術評論社Webサイト）

ご質問の際に記載いただいた個人情報は回答以外の目的に使用することはありません。使用後は速やかに個人情報を廃棄します。